KB122178

여행자를 위한
도시 인문학

공주
부여

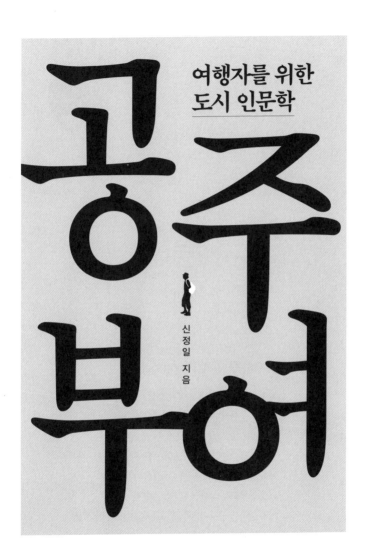

여행자를 위한
도시 인문학

공주 부여

신정일 지음

フス
KINDS
BOOK

목
차

여행자를 위한
도시 인문학

공주
부여

1

공주01   백제의 두 번째 도읍지에 가다

2

부록

'걸어서 공주·부여 인문여행' 추천 코스

서
문

역사의 현장에서
배우는 것들

여행이라는 것이 그렇다. 한 번 가고, 두 번 가고, 아니 열 번 스무 번을 가도 알 수 없는 곳이 있고, 가면 갈수록 그 지역의 역사와 그 땅에 살았던 사람들을 알게 되어 마음이 편해지면서 마치 고향에 온 듯 포근함을 느끼는 곳이 있다.

한반도에서 백제라는 나라의 흥망성쇠가 고스란히 남아 있는, 옛 도읍지 공주와 부여가 후자의 도시다. 64년간 백제의 두 번째 도읍지였던 공주는 아름다운 공산성과 무령왕릉을 비롯한 문화유산들이 즐비하고 마곡사, 동학사, 갑사 등 불교 문화재의 보고다. 동학농민혁명의 격전지인 우금치와 세세천년을 흐르는 금강 변에는 무수한 이야기가 산재해 있다.

123년간 백제의 세 번째 수도였던 부여는 또 어떤가? 탑과 불상만 남은 정림사지와 궁남지, 백제의 역사유산이 산재한 부소산과 백제문화단지, 그리고 성흥산성을 비롯한 홍산, 임천, 석성의 옛 고을들이 수많은 문화유산들을 품고 있다. 조선의 아웃사이더였던 매월당 김시습이 마지막을 보낸 유서 깊은 무량사와 대조사도 이곳에 있다. 공주와 부여는 다른 도시들과 달리 우리나라 최고의 고품격 역사문화 답사지로 자리매김하고 있는 것이다.

역사와 문화유산이 산재한 도시를 여행하는 것은 문사철(文史哲: 문학, 역사, 철학을 아울러 이르는 말)이 녹아 있는 종합학문이자 종합예술이라고 할 수 있다. 여행 중 만나는 온갖 사물, 나무와 풀, 문화유적과 역사현장도 중요하지만 역사 속 사람을 통해 지식과 경험을 축적할 수 있는 것이 바로 여행의 미덕이다. 그 땅을 살다 간 옛 사람들과의 말없는 대화를 통해 현재와 과거를 이어보는 시간을 갖는 것, 거기에 답사의 묘미가 있다. 혼자서 깊은 상념에 빠져, 혹은 도반들과 이야기를 나누며 걷는 시간들이 모여 한 인간의 삶이 깊어지고 완성되는 것이다.

순간과 순간이 모여 역사가 되고, 그 역사를 내면에 쌓아두면 개인의 지식과 지혜가 된다는 사실을 알고 나면, 역사의 테두리에서 한 치도 벗어날 수 없는 우리에게 역사여행이 얼마나 소중한 것인지를 깨닫게 된다. 때로는 깨어진 기왓장을 미세하게 두드리는 바람소리에서 그 옛날의 장엄하고 화려했던 추억을 들추어내기도 하고, 때로는 마모된 주춧돌이나 형체만 남은 불상들에서 폐사지의 슬픈 감회를 만나기도 한다. 상전벽해가 되어 흔적도 찾기 어려워 가슴 미어지는 장소에 서 있을 때 인간은 겸허함과 함께 살아 있음을 실감한다.

그러한 감회를 독일의 철학자인 니체는 《인간적인 너무나도 인간적인》의 '여러 의견과 잠언'에서 다음과 같이 술회하고 있다.

어디로 여행해야 하는가. 직접적인 자기 관찰도 자신을 알기에는 충분한 것이 아니다. 우리는 역사를 필요로 하는데, 왜냐하면 과거가 수많은 파도로서 우리의 내부로 흘러 들어오기 때문이다. 우리 자신은 매 순간 이 흐름을 느끼고 있는 존재일 뿐이다. 우리가 가장 개성적이고 본질적으로 보이는 그 본질의 흐름 속으로 내려가야 할 경우에도, 저 헤라클레이토스의 격언, 즉 사람은 두 번 다시 동일한 흐름을 거슬러 가지 못한다는 말이 중요한 의미를 갖는다. 이것은 갈수록 진부한 말이 되긴 했어도 여전히 전처럼 강력하고 유일한 의미를 지니고 있는 지혜이다.

백제의 역사가 켜켜이 쌓여 있는 공주와 부여라는 고도를 걸으면서 눈물겹도록 아름다운 유적들을 통해 지금은 사라지고 없는 옛 사람들과 무언의 대화를 나눌 수 있다는 사실이 얼마나 감사한 일인가. 세월은 강물과 같이 흘러 갔어도 옛 사람들이 남긴 자취는 남아 그 현장을 찾는 사람들에게 나뭇잎에 스치는 바람소리로, 여울을 흐르는 시냇물 소리로 그날의 이야기를 들려주고 있다.

공주의 공산성을 걷다가 문득 인조임금이 인절미를 허겁지겁 먹는 광경을 목도하고, 부여의 사비성에서 무왕과 그의 아들 의자왕이 담소를 나누며 걸어가는 풍경 속을 함께 거니는, 그런 꿈과 같은 시간을 여행자들이 만날 수 있기를 바란다.

부여

부소산
낙화암/고란사
은산별신당
만수산
무량사
백제문화단지
왕흥사지
부산
수북정/자온대

구드래나루
신동엽문학관
부여군청
정림사지
서동요테마파크
국립부여박물관
성흥산
유왕산
궁남지
능산리 고분군

백마강

외산면
은산면
부여읍
내산면
규암면
초촌면
구룡면
장암면
석성면
홍산면
남면
옥산면
충화면
세도면
임천면
양화면

공주

태화산

마곡사

장승마을

연미산자연미술공원

공주한옥마을/충청감영

곰나루국민관광단지

국립공주박물관

황새바위 성지

공산성

공주 중동성당

반죽동 대통사지

공주기독교박물관

석장리 유적

공주풀꽃문학관

공주시청

상신리 돌담마을

갑사

동학사

계룡산

우금치전적지

송산리고분군/
무령왕릉

유구읍

신풍면

정안면

의당면

사곡면

우성면

월송동

신관동
웅진동
중학동

정안면

옥룡동

이인면

계룡면

반포면

금강

탄천면

공주시

부여군

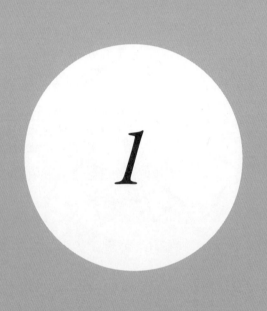

1

공주 01

백제의 두 번째
도읍지에 가다

60여 년 백제의 도읍

충청의 중심

'공주(公州)'. 이름을 듣거나 부르는 순간 어딘가 범접하기
어려운 느낌이 드는, 매력적인 도시가 바로 공주다.

충주(忠州)와 청주(淸州)에서 한 자씩 따서 이름을 지은 충
청도는 삼한시대에 마한에 속하였고, 삼국시대에는 삼국의 각
축장으로 영토 변경이 잦았다. 조선 후기의 실학자로 신임사화
에 연루되어 여러 차례의 국문과 유배형을 받은 뒤 풀려나 당
쟁으로 피폐해진 나라에서 '사대부들이 살 만한 곳은 어디인
가'를 찾기 위해 20여 년 간 이 땅을 주유한 이중환은 《택리지》
라는 명저를 남겼는데, 그 책에 충청도를 다음과 같이 평했다.

충청도 감사는 공주에 머무르는데, 백제 말엽에 당나라 장수
유인원이 웅진도독부를 설치하였던 곳이다.

이 기록처럼 일제강점기 초기까지만 해도 충청도 감영이

공주에 있었다. 역사의 흐름 속에서 여러 차례 부침을 겪었던
공주는 위례성에 이은 백제의 두 번째 도읍지다. 백제의 개로
왕이 궁궐을 새로 짓는 토목공사를 일으켜 민심이 불안해지자
고구려 광개토왕의 맏아들로 왕위에 오른 장수왕이 위례성을
침범하였다.

　이중환의 기록보다 앞서 김부식이 지은 《삼국사기》*의 제
18권 〈고구려본기〉 '제6 장수 60년 9월 조'를 보자.

　9월에 왕이 군사 3만을 거느리고 백제를 침공하여 백제 왕이
　도읍한 한성을 함락시킨 후 백제왕 정(正, 개로왕)을 죽이고, 남
　녀 8000명을 사로잡아 가지고 돌아왔다.

　〈백제본기〉 '제3 개로 21년 9월 조'에는 그때의 상황이 훨
씬 더 자세하게 실려 있다.

　21년 가을 9월에 고구려왕 거련(巨璉, 장수왕)이 군사 3만을 거
　느리고 와서 서울 한성을 에워싸므로 왕이 성문을 닫고 나가
　싸우지 못하였더니 고구려 사람들이 군사를 네 길로 나눠어 양
　쪽으로 끼고 공격하고, 또 바람결을 따라 불을 놓아서 성문을
　태우니 인심이 흉흉해져서 나가서 항복하려는 자들도 있었다.

● 　고려 인종 때 김부식이 지은 역사책으로,
　　고구려와 백제, 신라 삼국의 정사(正史)를 담고 있다.

왕은 형세가 곤란하게 되어서 어찌할 바를 모르다가 기병 수십 명을 데리고 성문 서쪽으로 나가 달아나려고 하였다. 고구려 사람들이 쫓아와서 왕을 죽였다.

그 뒤의 기록에 의하면, 고구려의 장수왕은 백제를 치기 위하여 도림이라는 승려를 백제에 간첩으로 보냈다. '큰 죄를 지어 도망왔다'고 속인 도림은 자신을 큰 도인으로 믿게 된 개로왕에게 다른 나라들의 침략을 막기 위한 궁궐과 성을 수축할 것을 간하였다. 그의 말을 믿은 개로왕은 나라 사람들을 징벌하여 성을 쌓고 궁실과 누각, 정자들을 호화롭게 짓다 보니 창고들이 텅텅 비고 백성의 삶이 곤궁해졌다. 그때를 틈타 고구려가 침략하자 변변히 싸워 보지도 못하고 나라가 무너졌던 것이다.

고구려 장수 걸루 등이 왕이 말에서 내려 절하는 것을 보고 직접 왕의 낯을 향하여 세 번 춤을 뱉고, 곧 죄목을 따진 다음 아차성 밑으로 묶어 보내어 죽이게 하였다. 걸루와 만년은 본시 백제 사람으로서 죄를 짓고 고구려로 도망하였던 사람이다.

개로왕의 아들 문주의 그 당시 직책은 백제의 최고 관직으로 국정을 총괄하는 상좌평이었는데, 아버지 개로왕이 죽자 한강 유역을 빼앗긴 채 그해 겨울의 초입인 475년 10월에 지금의 공주인 웅천으로 도읍을 옮겼다. 금강 변에서 큰 도회지를 이룬 공주를 두고 조선 초기의 문장가 서거정은 조선 시대의 관찬지리서인 《신증동국여지승람》에 다음과 같이 기록하였다.

차령 이남에 산천의 맑은 기운이 쌓여서 큰 고을을 이룬 것에는 오직 공주가 제일이다. 대개 장백산의 한 갈래가 바다를 끼고 남쪽으로 달려 계림에 이르러서 원적산이 되고, 서쪽으로 꺾여서 웅진을 만나 움츠려 큰 산악을 이룬 것을 계룡산이라 한다. 물이 용담, 무주 두 고을에서 근원을 발하여 금산에서 합쳐져 영동, 옥천, 청주 세 고을을 지나 공주에 이르러 금강이 되고, 또 꺾여 사비강이 되어서는 더욱 더 큰 물을 이루어 길게 구불구불 바다로 들어간다. 이에 공주는 계룡산으로 진산을 삼고 웅진으로 금대를 두르고 있으니 그 산천의 아름다움을 알겠도다.

그 후 538년 지금의 부여인 사비성으로 도읍을 옮기기까지 60여 년 동안 공주는 백제의 도읍이었다. 문주왕의 집권 기간은 그리 길지 않았다. 도읍한 지 4년째 되던 9월에 사냥하러 나갔다가 외부에서 하룻밤을 보내던 중 병관 좌평 해구가 도적을 시켜 살해하도록 하여 목숨을 잃고 말았다.

문주왕의 맏아들인 삼근왕이 뒤를 이었다. 그때 그의 나이 13세였으므로 군사 업무와 나라 종사에 관한 모든 것을 좌평 해구가 맡았다. 다음 해 봄에 해구가 대두성에 은거하며 반란을 일으켰고, 왕은 좌평 진남에게 명하여 그들을 진압했다. 삼근왕은 왕위에 오른 지 3년째 11월에 죽고, 문주왕의 동생인 곤지의 아들 모대가 왕위에 올랐으니 동성왕이다. 그는 담력이 다른 사람보다 월등하였고, 활을 잘 쏘아 백번을 쏘면 백발이 다 맞았다고 한다.

동성왕의 집권 시대에는 신라와 화친을 맺어 혼사를 맺기도 하였고, 고구려와 신라가 살수에서 싸움을 벌이며 고전을 면치 못하고 있을 때 구원병을 보내기도 하였다. 그러나 그의 죽음도 순탄치 않았다.

왕이 백가를 시켜 가림성을 지키게 하였을 때 백가가 가고 싶지 않아서 병이 들었다고 핑계를 대었지만 왕이 승낙하지 않았기 때문에 백가가 왕에게 원한을 품고 있었다. 그 뒤 백가가 사람을 시켜 왕을 칼로 찔러서 12월에 이르러 죽으니 그의 시호를 동성왕이라 하였다.

삼국사기 〈백제본기〉 '제4 동성 22년 7월 조'에 실린 글이다.

이어 동성왕의 둘째 아들이 왕위에 오르니 그 유명한 무령왕이다. 키가 8척이요, 눈매가 그림과 같았던 무령왕은 인자하고 너그러워서 백성들의 마음을 사로잡았다. 좌평 백가가 가림성에 자리를 잡고 반란을 일으키자 군사를 거느리고 우두성에 나가서 한솔 해명을 시켜 치게 하자 백가가 나와 항복하였고,

왕은 백가의 목을 베어 백강에 던져 버렸다.

무령왕은 재위 23년 5월에 생을 마감했고, 그 뒤를 이은 왕이 백제를 부흥시킨 성왕이다. 이름이 명농(明穠)으로 지혜와 식견이 뛰어나고 매사에 일을 잘 판단하였던 그는 왕위에 오르면서 도읍을 옮기고자 하였다. 공주로 도읍을 옮긴 직후부터 일어났던 정치불안으로 왕권이 쇠약해지고 금강의 잦은 범람 등으로 인한 자연재해가 잇따랐다. 도성이 협소하여 왕도로서의 기능이 정상적으로 운영되지 못하자 왕위에 오른 지 16년이 되던 538년 사비성으로 도읍을 옮긴 사비 천도를 단행했다.

백제를 멸망시킨 당나라는 공주에 웅진도독부*를 설치했고, 그들이 물러간 후 신라는 웅천주**를 두었다. 삼한을 통합하고 고려를 창건한 태조 때에 공주라는 이름을 얻게 되었고, 성종 때에는 전국 12목*** 중 하나가 되었다. 995년(성종 14년)에는 당나라의 제도를 모방해 각 지방을 절도사 체제로 개편, 12목을 12주 절도사로 바꾸고 각 주에 하나의 군(軍)을 두었는데, 하남도에 속한 공주에는 안절군을 설치했다. 《택리지》에는 공주를 다음과 같이 기록했다.

●　　백제의 옛 땅을 다스리기 위한 행정관청.
●●　　삼국을 통일한 신라의 지방행정조직.
●●●　교통이 편리한 지역에 설치한 12개의 지방 행정구역.

공주의 영역은 매우 넓어서 금강 남쪽과 북쪽에 걸쳐 있다. 사람들 사이에 전해오는 말에 '첫째가 유성이고, 둘째가 경천이며, 셋째가 이인이고, 넷째가 유구다' 라고 하는데, 이것은 공주 일대의 살 만한 곳을 이르는 것이다.

'남자는 쟁(箏, 거문고 비슷한 악기)을 좋아하고, 여자는 가무를 좋아한다'. 《신증동국여지승람》 '공주 목 풍속 조'에 실린 글이다. 이 말은 신라 문무왕 때 당나라 장수 유인궤가 백제를 멸망시킨 뒤 웅진주에 주둔할 당시 당나라 악곡을 데리고 왔었고, 문무왕이 성천과 구일 등 38명에게 명하여 당나라 음악을 배우게 한 뒤부터 공주 사람들이 음악을 잘했다는 뜻이다.

갑오년 동학농민운동 당시 공주에는 충청감영이 있었으며 호남지방으로 통하는 관문 역할을 하였다. 1932년 충청남도청

© trabantos

유네스코 세계유산 도시임을 알리는 공주 표지석과 백제 무령왕릉연문 뒤로 공산성이 자리잡고 있는 이곳이 공주의 중심지역이다.

이 대전으로 옮겨지기 전까지는 공주가 도청소재지로서 충청 지역의 중심지 역할을 하였다. 지금은 문화유산이 산재한 교육 도시로 널리 알려진 도시가 공주다.

공산성을 산책하며 만나는
백제의 병사들

금강을 사이에 두고 남북으로 나뉜 공주시의 남쪽 윗부분
에 작은 산 하나가 있다. 그 형상이 공(公)자와 같아 공산이라
는 이름이 붙었고, 공주라는 이름도 여기에서 비롯되었다.

금대(襟帶)의 강산에 그려 만든 것 같은데,

기쁘도다. 오늘날에는 고요히 병진(兵塵) 사라졌네.

음풍(陰風)이 홀연히 놀란 파도 일으키니,

그 당시의 전고(戰鼓) 소리 아직도 회상된다.

《신증동국여지승람》 '공주 목, 성곽 조'에는 공산에 대한
고운 최치원의 시 한 편이 남아 있다. 공산의 산세를 따라서 성
을 쌓고 강을 해자로 삼았는데, 면적은 좁은 편이나 성의 형세
가 아름답고 견고하다. 공주 시내에서 무령왕릉 쪽으로 좌회전
하기 전, 우측에 자리한 산성 오르는 길목에는 조선 시대 공주

를 다녀갔던 관찰사와 목사를 비롯한 인물들의 업적을 새긴 영세불망비 수십여 기가 사열하듯 서 있다.

1963년 사적 제12호로 지정되고, 2015년 유네스코가 세계유산으로 지정한 공산성의 축성연대는 24대 동성왕 때로 추정된다. 그러나 백제의 21대 개로왕이 죽임을 당하고 왕자가 22대 문주왕이 되어 웅진으로 천도하면서 공산성에 궁궐을 축성하고 성을 쌓았다는 이야기도 있고, 웅진 천도 이전에 이미 성책이 있었다는 견해도 있다. 그 당시 명칭이 웅진성이었으며고려 시대 이후에는 공산성, 조선 시대에는 쌍수산성으로 불리기도 했다. 석축이 약 1.8미터, 토축은 약 390미터로 전체 2.2킬로미터에 이르며, 성벽은 2중으로 쌓여 있다.

1993년 복원되어 현재 주 출입구로 쓰이는 금서루를 지나길을 따라가면 공산성의 중앙부에 이르는데, 그곳에 쌍수정이라는 정자가 있다. 《택리지》의 기록을 보자.

갑자년(1624년)에 이괄의 난이 일어나자 인조가 난을 피하여 이곳으로 피신했다. 공산 위에 두 그루의 나무가 있는데, 임금은매일 이 나무에 기대어 북쪽에 펼쳐진 궁원(弓院)을 바라봤다. 어느 날 말을 탄 사람이 나는 듯 달려오기에 그 연유를 물으니이괄과의 싸움에서 이겼다는 보고였다. 임금은 대단히 기뻐하고서 이 나무에게 통정대부(通政大夫)*라는 벼슬을 내렸다. 그뒤 환도한 것을 기념하며 쌍수정이라는 정자를 짓도록 하였다.

인조가 이곳에 머물렀을 때 임씨 댁에서 콩고물에 무친 떡을 진상했다. 그 맛이 좋아 이름을 물었으나 아는 사람이 없어서 그 사람의 성씨를 따 '임절미(任+絕味)'라 불러 오늘날 인절미가 됐다는 이야기가 만들어진 곳이 쌍수정이다. 쌍수정 동쪽 돈대에 세워진 쌍수정 기적비는 1624년(인조 2년) 관찰사 이명준과 목사 송한주가 인조가 쌍수산성에서 난을 피한 것을 기념하기 위해 세운 것으로, 당시 우의정이었던 상촌 신흠이 비문을 지었다. 그러나 우여곡절을 겪으며 세우지 못하다가 숙종 34년에야 남구만의 글씨를 받아 세울 수 있었다.

이곳 쌍수정 부근이 공산성에서 가장 넓은 광장이기 때문에 왕궁이 있었을 것으로 추정하는 견해도 있다. 하지만 〈백제본기〉 '동성왕 8년 조'의 '가을 7월에 궁실을 중수하였다. 겨울 10월에 궁 남쪽에서 크게 사열을 하였다'라는 기록으로 보아도 수천 명의 사병이 운집할 정도가 아니라서 왕궁 터일 가능성은 희박하다.

성벽을 따라 올라가다 보면 공산성의 남문인 진남루에 이르고, 그 옆에 펼쳐진 넓은 터를 백제 시대의 왕궁 터로 유추하고 있다. 진남루에서 성벽을 따라 조금 더 올라가면 임류각에 이른다. 〈백제본기〉 '동성왕 22년 조'에 '왕궁의 동쪽에 높이 5척이나 되는 임류각이란 누각을 세웠고, 연못을 파서 진기한

● 조선 시대 문관 정3품 벼슬.

새들을 길렀다'고 실려 있는 이 누각에서 왕이 자주 연회를 베풀면서 간(諫)하는 신하들의 말을 꺼려 궁문을 닫고 놀았다는 이야기도 전해 온다.

임류각에서 동쪽으로 난 길을 오르다 보면 공산성의 높은 봉우리에 위치한 광복루에 이른다. 본래 북문인 공북루 서쪽에 있던 중영(中營)의 문루인 계상루였는데, 일제 때 이곳으로 옮겨 웅심각이라 했다. 해방 이후 중국에서 독립운동을 하다가 귀국한 백범 김구와 이시영 선생이 이곳에 와서 보고 광복루라고 이름을 바꿨다. 금강을 굽어보며 아름다운 성벽을 따라 내려가면 한폭의 그림 같은 연지가 나타나는데 이곳이 암문터다.

공산성은 백제의 옛 왕과 병사들을 만날 수 있는 역사의 현장이면서 마음을 내려놓고 천천히 거닐며 명상에 잠겨보는 산책로로도 아주 좋다.

이 일대에 성안이라는 마을이 있었지만 지금은 조선 세조 때 세워진 영은사라는 절이 남아 있다.

공산성은 백제가 멸망한 직후 의자왕이 잠시 거처했던 곳이고, 나당 연합군에 대항하는 백제부흥운동의 거점이었으며, 신라 828년(헌덕왕 14년)에 일어난 김헌창의 난이 평정된 곳이다. 1623년 이괄의 난이 일어났을 때는 인조가 피난처로 삼기도 했다. 나그네가 되어 백제의 옛 왕과 병사들을 만날 수 있는 역사의 현장이지만, 마음을 내려놓고 천천히 거니는 산책로로도 나라 안에서 제일가는 명소로 꼽을 만하다.

현재 공산성의 주 출입구로
쓰이고 있는 금서루.

'비단(錦)'이라는 이름만큼 아름다운

금강

공주 지역을 흐르는 금강(錦江)은 '비단(錦)'이라는 이름만큼 아름다운 강이다.

"강을 보라. 수많은 우여곡절 끝에 그 근원인 바다로 들어가지 않는가?" 독일의 철학자 니체가 갈파한 대로 수많은 사연과 이야기를 안고 흐르는 금강은 전라북도 장수군 장수읍 수분리에 있는 신무산 뜬봉샘에서부터 시작된다. 작은 샘에서 시작된 물줄기가 하나하나의 지류를 받아들이며 진안과 무주, 금산과 영동을 흐른다. 대청댐에서 다시 여러 물줄기를 받아들인 뒤 신탄진 나루가 있던 신탄진을 지나 세종시에 이르고, 창벽 부근에서 공주강이 되어 공산성에 이른다. 공산성을 휘감아 돈 뒤 곰나루에 이르면 이곳에서 부여까지를 백마강이라 부른다. 논산시 강경읍에 이르러 강경강이 되고, 익산을 거쳐 서천과 군산 사이 금강 하구둑에서 서해바다로 들어간다.

나라 안에서 여섯 번째이며 남한에서는 낙동강, 한강에 이어 세 번째로 길고, 총 유역 면적만 해도 9886제곱킬로미터에 이르는 금강을 중국 당나라의 역사서인《당서》는 웅진강(熊津江)이라고 기록하였다. 금(錦)은 원어 '곰'의 사음(寫音)으로, 곰이라는 말은 아직도 공주의 곰나루라는 명칭에 남아 있다.《신증동국여지승람》에 실린 금강을 보자.

수분현(水分峴) : 현의 남쪽 25리에 있다. 골짜기의 물이 하나는 남원으로 향하고 한 줄기는 본현으로 들어와 남천이 되었다. 이것 때문에 붙인 이름이다. 남천은 북으로 흘러 용담현 경계로 흘러간다.

이름도 여러 가지로 불리고 있다. 상류에서부터 적등진강, 차탄강, 화인진강, 말홍탄강, 형각진강 등으로 되어 있고, 공주에 이르러서는 웅진강, 부여에서는 백마강, 하류에서는 고성진강으로 되어 있다. 십여년 전만 해도 수분리 남쪽에 있는 수분이고개의 김세호 씨 집 남쪽 처마로 떨어지는 빗물은 섬진강으로 흘러가고 북쪽으로 떨어지는 빗물은 금강의 발원지가 되었다고 하지만 지금은 새로 집이 지어져 그렇지가 못하다.

해발 600미터쯤 되는 수분재는 섬진강과 금강으로 물이 나뉜다는 뜻으로 '수분이'라는 이름이 붙었다. 지금은 세종특별자치시에서 가장 큰 지류를 받아들여 세종시와 창벽을 지나 공주로 접어든다. '금강 변에는 사송, 금벽, 독락 등의 정자가 있다.'《택리지》에 실린 사송정은 저자 이중환 가문의 정자이고, 금벽정은 조상서의 산장이며, 독락정은 지금은 세종시에 편입되었다. 삼남대로의 길목인 장깃대나루와 공산성 자락을 지나 곰나루와 왕진나루를 거쳐 부여로 흐르는 금강 기슭에 자리잡고 있는 도시가 공주시다.

소설가 유현종은 〈들불〉이라는 소설에서 금강을 다음과 같이 노래했다.

금강을 이용해서 왜인들이 쌀을 가져가고 그로 인해 백성들은 피폐해져 아사 직전까지 이르게 하였다. 그뿐만 아니라 권력자들도 금강을 타고 오르며 뇌물을 거두어들이기에 정신이 없고 백성들은 점점 어려워만 진다.

때로는 백성을 수탈하는 길로 이용되었지만, 사람들의 평가에는 아랑곳없이 금강은 같은 자세로 세세천년을 흐르고 있다. 강은 인간의 역사, 우주의 역사를 안고 흐르면서 깊어지고 넓어져 화엄의 바다로 들어간다. 금강도 그렇다.

갑오년 동학농민군을 가로막은

곰나루

고마나루 혹은 웅진으로도 불리는 곰나루는 용당 서쪽에 있는 금강가의 나루터다. 이곳에 웅진동이라는 이름이 붙은 것은 백제 문주왕 때의 일이다. 아버지 개로왕이 고구려의 장수왕에게 피살된 후 왕위를 이어받은 문주왕이 도읍을 공주로 옮긴 뒤 금강 가에 용왕제를 지내는 웅진당을 세움에 따라 웅진

갑오농민전쟁에서 크게 패한 동학농민군은 끝내 이 곰나루를 건너지 못했다.

으로 불린 것이다.

그 뒤 31대 의자왕이 나당 연합군의 침략을 받자 왕성인 부여를 버리고 이곳 공주로 왔다가 마침내 패망하였다. 그해 9월 당나라는 이 자리에 웅진도독부를 설치하고 군정을 펼치다가 신라 제30대 문무왕 16년인 676년 2월 도독부를 건안 옛성으로 옮겼다. 오랜 세월을 지내는 동안 큰 홍수 때 그 터가 없어지고 이름만 전해오다가 1945년 해방이 되던 해 큰 장마가 져서 소정이펄*의 모래가 쓸려가는 바람에 그 자리가 드러났다가 다시 사라졌다.

곰나루에는 곰에 얽힌 설화가 남아 있다. 《신증동국여지승람》 '공주 목 사묘 조'에는 '곰나루 남안에 웅진사가 있어 춘추로 향축을 내려 제를 올린다'라고 기록되어 있는데, 제를 받게 된 전설이 애처롭기 그지없다. 곰나루 건너편 연미산 동굴에 암곰 한 마리가 살고 있었다. 어느 날 암곰은 곰나루에서 고기를 잡던 어부를 납치하여 같이 살게 되었다. 곰은 음식을 구하러 나갈 때는 큰 돌로 굴 입구를 막았다. 이렇게 여러 해를 사는 동안 새끼들을 낳았다. 이제는 도망가지 않으리라 마음을 놓은 암곰이 굴 문을 열어 놓고 먹을 것을 구하러 간 사이에 어부는 곰나루 건너로 도망쳤다. 암곰은 새끼들을 데리고 쫓아가며 소리쳐 울었지만 어부는 뒤를 돌아보지 않았고, 슬피 울던

● 금강의 모래펄. 당나라 장군 소정방이 이곳에 진을 쳤다는 데서 이름이 유래했다.

곰은 새끼들을 데리고 강물에 빠져 죽고 말았다. 그 뒤부터 곰나루에서 사람들이 자주 죽고 물고기도 잡히지 않자 사당을 지은 뒤 곰상을 만들어 놓고 수신제를 지내게 되었다. 바로 이 곰상을 1975년 곰나루 부근에서 발견해 공주박물관으로 옮겼고, 솔밭 우거진 웅진사에는 새로 만든 곰상을 모셔두고 있다.

이곳 곰나루에 자취를 남긴 사람이 고려 제8대 임금인 현종이다. 왕위에 오른 1010년 12월 거란의 군사가 쳐들어오자 남쪽으로 몽진하던 현종을 공주 절도사 김은부가 이 나루에서 영접하였다. 현종은 크게 기뻐하며 '선경(仙境)'이라는 시를 지어 찬탄했다. 나주까지 피난 갔던 현종이 돌아오는 길에 공주에 도착하자 김은부는 큰딸에게 어의를 지어 바치게 하였다. 이것이 인연이 되어 김은부의 딸을 왕비로 삼아 원성왕후가 되었다.

곰나루는 오래된 소나무 숲에 둘러싸여 있다.

곰에 얽힌 설화가 전해지고
있는 곰나루 웅진사와 그 안
에 모셔진 곰상.

한편 이 곰나루 금강은 갑오년 겨울에 건널 수 없는 3·8선
이고 휴전선이었다. 그렇게 가고자 했던 서울 길, '내일은 공주,
모레는 수원, 글피는 서울'이라며 기세 좋게 올라가 공주를 함
락하고 서울로 진격해 후천개벽 참세상을 열겠다던 동학농민
군의 간절한 바람은 금강물에 푸른 물살로 흘러가 버리고 말
았다. 갑오년 동짓날 곰나루를 건너지 못한 전봉준은 섣달에야
들것에 실려 강물을 건너갔다. 전주 서교장에서 처형당한 김개
남은 부릅뜬 눈빛만 살아서 상자에 실려 올라갔고, 뒤따라 손

화중도 김덕명도 포승줄에 묶여 이 강을 건너갔다. 수많은 길손이 쉬어갔을 저 산봉우리 너머에 진정 그들이 갈구했던 그리운 나라가 있었을까.

시인 정희성은 동학농민혁명 100주년을 기념하는 답사길에서 〈황토현에서 곰나루까지〉라는 시 한 편을 남겼다.

이 겨울 갑오농민전쟁 전적지를 찾아 / 황토현에서 곰나루까지 더듬으며 / 나는 이 시대의 기묘한 대조법을 본다 / 우금치 동학혁명군 위령탑은 / 일본군 장교출신 박정희가 세웠고 / 황토현 녹두장군 기념관은 전두환이 세웠으니 / 광주항쟁 시민군 위령탑은 또 / 어떤 자가 세울 것인가 ….

동학농민군 최후의 싸움터
우금치

부여에서 이인을 지나 공주로 넘어가는 우금치는 우금리, 성황당이 또는 비우금 고개로도 불리는, 이 나라 어느 산에나 있음직한 야트막한 산이다. 소만한 크기의 금이 묻혔다고 해서 우금치(牛金峙)라고도 하고, 도적이 많아 날이 저물면 소를 몰고 넘지 못하게 했다고 해서 우금(牛禁)고개라고도 부른다.

지금의 공주교육대학 뒤 봉황산 마루에 있던 / 관·일 혼성부대가 농민군의 포위 공격에 / 쫓기어 무기 버리고 성내로 도망간 이야기 / 그러나 무슨 소용이랴 / 역사도 울고 / 산천초목도 울었다 / 공주 우금티 / 황토흙 속 유독 아카시아가 / 많은 고개였어 / 어느 여름 / 땀 흘리며 뻐스로 올라가는 / 이 고개는 매미소리뿐이었지…

신동엽 시인이 대하서사시 〈금강〉에서 노래한 대로 조용하고 한적하던 이 고개는 동학농민군 최후의 결전장으로 역사에 남게 되었다.

1894년 일어난 동학농민혁명에서 동학농민군이 크게 이긴 싸움이 황토현전투라면 가장 크게 패한 전투는 공주의 우금치 전투다. 5월의 황토현전투 이후 전주성에 입성한 농민군과 관군이 전주화약을 맺었으나 그 약조가 지켜지지 않자 그해 9월 삼례에서 재기포(再起包)를 하였다. 논산을 거쳐 북상한 농민군은 무장한 관군 및 일본군과 한판 싸움을 벌였는데, 그것이 유명한 우금치전투다.

11월에는 공주 시내와 우금고개 견준봉 일대에서 농민군과 연합군이 사활을 건 전투를 며칠간 계속했다. 농민군은 이인과 판치를 선두로 제2차 공격을 시작하였다. 판치를 지키던 구상조 부대와 이인을 지키던 성하영 부대는 농민군의 막강한 공격력에 쫓기어 공주성으로 철수한 후 모든 역량을 총동원해 공주 방어에 매달렸다. 효포, 웅치, 우금치에 일본군과 정부군이 배치되었고, 내포 방향에 있던 일본군도 공주로 합류했다. 드디어 동학농민군은 공주를 삼면으로 포위한 다음 총공격을 개시하였다. 이때 전봉준은 몸소 가마에 올라타고 홍개를 휘날리며, 기를 들고 태평소를 불며 전선을 총지휘했다고 한다. 그 때의 상황을 관군의 기록인 〈선봉진 일기〉에는 이렇게 기록하고 있다.

초아흐레 날이 밝아서 적세를 상세히 탐정한 즉 각 진이 서로 바라보이는 곳에 두루 잡기를 꽂고 동쪽 판치 후록으로부터 서쪽 봉황산 후측에까지 30~40리에 걸쳐 산위에 열진하여 사람이 병풍을 두른 것 같아 세력이 심히 창궐하다.

또한 당시의 관보는 그 날의 광경을 이렇게 쓰고 있다. '이 밤 농민군 진지의 불빛이 수십 리를 서로 비치고 인산인해로 마치 대하의 모랫수에 비할 만하다.' 동학농민군과 정부·일본 연합군은 결코 물러설 수 없는 마지막 싸움에 돌입한 것이다. 농민군은 끊임없이 우금치를 향해 내달렸고, 연합군은 우금고개 위에서 막강한 화력으로 무차별 사격을 퍼부었다. 그 처절한 싸움을 관군의 선봉장 이규태는 정부에 다음과 같이 보고하였다.

아, 그들 비류의 몇 만의 무리가 연연 4~5십리에 걸쳐 두루 둘러싸고 길이 있으면 쟁탈하고 고봉을 점거하여 동에서 소리치면 서에서 따르고 좌에서 번쩍하면 우에서 나타나고 기를 흔들고 북을 치며, 죽음을 무릅쓰고 앞을 다투어 기어오르니 그들은 어떠한 의리와 담략으로 타이르랴. 적정을 말하고 생각하면 뼈가 떨리고 마음이 서늘하다.

또한 〈갑오관보〉에는 '일군과 관군이 산척에 둘러서 일시에

총탄을 퍼붓고 다시 안쪽으로 몸을 숨기고 적이 고개를 넘고자 하면 또 산척에 올라 총탄을 퍼붓는다. 이렇게 하기가 4~50차례가 되니 시체가 쌓인 것이 산에 가득하다'고 적고 있다.

칼과 낫과 몽둥이를 들고 물밀 듯 산으로 올라갔다가 짚단처럼 쓰러지고 또 쓰러짐을 보다 못한 아낙네들까지 치마에 돌을 날라다 주었던 그 싸움을 우리 어찌 잊겠는가. 훗날 전봉준은 공초에서 그 때의 상황을 이렇게 말하고 있다.

공주 감영은 산으로 둘러싸이고 강을 끼어 지리가 유리한 형세를 가진 고로 이곳에 근거하여 지키고자 하였다. 그러나 일본병을 용이하게 격파하지 못함에 공주에 들어가 일본병에게 격문을 전하여 대치코자 하였으니 사세가 점전하지 아니할 수 없는 고로 제1차 접전 후 1만여 명의 군병을 점고한 즉 남은 자가 불과 3000명이요 그 후 또 2차 접전 후 점고한 즉 500여 명에 불과하였다.

농민군은 십일월 열하루 농민군으로 변장한 관군의 기습공격에 많은 연환과 대포를 빼앗겼다. 그 전투에서부터 전의를 상실해 더 이상 공주성싸움에 승산이 없음을 알고 후퇴를 결정했다.

1894년 동학농민군 최후의 결전장인 이 우금치에 동학혁명군위령탑이 세워졌다. 이 탑은 5·16 군사쿠데타를 일으켰던 박정희가 세웠다. '5·16혁명 이래의 신생 조국이 새삼 동학농민혁명군의 순국정신을 오늘에 되살리면서 빛나는 10월 유신의 한 돌을 보게 된 만큼…'이라는 구절이 보여주는 것처럼 그는 자신을 위해 일으켰던 군사쿠데타를 성스러운 동학농민운동에 비유하고 있다. 그러나 탑의 뒷면에 새겨진 그의 이름은 누군가에 의해 짓이겨져 있다. 또 하나 지워진 이름이 있으니 천도교 교령을 지냈던 최덕신이다. 그는 거창양민학살사건 당시 제11사단장이었고 5·16 군사쿠데타 이후 박정희 대통령과 밀월 관계를 유지하다가 박정희의 눈 밖에 나서 망명을 했는데, 훗날 북으로 들어가 천도교 교령을 지냈다. 그의 아내는 몇

동학농민군 최후의 결전장인 우금치에는 5·16 군사쿠데타를 일으켰던 박정희가 세운 동학혁명군위령탑이 있다.

년 전 북한 방문단 단장으로 내려오기도 하였다.

우금치고개에는 2006년 터널이 뚫려 공주와 부여를 오가는 자동차 행렬이 끊이지 않고, 전적지에는 우금치동학혁명군 위령탑 아래 '우금티 알림터'라는 작은 문화관이 한가로이 오가는 길손을 맞고 있다.

새로운 왕도를 꿈꾸던 신도안

계룡산

공주에서 동남쪽으로 40리 되는 곳에 삼국시대 백제를 대표하는 명산인 계룡산이 있다.

산 모양은 반드시 수려한 돌로 된 봉우리라야 산이 수려하고 물도 또한 맑다. 또 반드시 강이나 바다가 서로 모이는 곳에 터가 되어야 큰 힘이 있다. 조선에 이런 곳이 네 군데 있다. 개성의 오관산, 한양의 삼각산, 은율의 구월산, 그리고 공주의 계룡산이다.

이중환의 《택리지》에 실린 계룡산이라는 이름은 주봉인 천황봉부터 삼불봉까지의 산세가 용이 닭 볏을 하고 있는 것 같다는 데서 비롯되었다고도 하고, 산 계곡의 물이 쪽빛처럼 푸른 데서 연유한 것이라는 말도 있다. 통일신라의 5악* 중 서악으로 꼽혔고, 조선 시대에는 묘향산의 상악단, 지리산의 하악

단과 함께 계룡산에 중악단을 설치해 봄과 가을에 산신제를 지냈다.

조선 전기의 문장가인 서거정은 계룡산에 대해 다음과 같은 글을 남겼다.

계룡산 높이 솟아 층층이 푸름 꽂고
맑은 기운 굽이굽이 장백에서 뻗어왔네
산에는 물 웅덩이 용이 서리고
산에는 구름 있어 만물을 적시도다.
내 일찍이 이 산에 노닐고자 하였음은
신령한 기운이 다른 산과 다름이라
때마침 장마 비가 천하를 적시나니
용은 구름 부리고 구름은 용을 좇도다.

계룡산의 아름다움을 잘 보여주는 풍경으로는 연천봉의 낙조, 관음봉의 한가로운 구름, 천황봉의 일출, 장군봉 쪽의 겹겹이 포개진 능선, 세 부처님을 닮았다는 삼불봉의 설화, 남매탑의 달, 동학사 계곡의 신록, 갑사 계곡의 단풍 등 '계룡팔경'을 꼽는다.

계룡산은 풍수지리상으로도 대단한 명산으로 유명하다. 이

● 국가의 제사 대상이 되었던 다섯 산악으로 동악 경주 토함산, 서악 공주 계룡산,
　남악 지리산, 북악 태백산, 중악 대구 팔공산을 일컫는다.

곳을 매우 신령스러운 땅으로 여긴 풍수가들의 말에 따르면 선인봉은 청룡, 국사봉은 백호, 삼불봉은 현무, 대둔산은 주작이다. 그래서 신도안*을 중심으로 동서 양편에 있는 용추(龍湫)**를 동용추, 서용추라 부른다. 동쪽에는 자룡(雌龍)이 서쪽에는 웅룡(熊龍)이 살아 각각 암용추, 숫용추라고 부른다는 전설도 있다.

전해오는 이야기에 의하면 태조가 신도안에 도읍을 짓기 위해 공사를 하고 있는데 어느 날 하늘에서 "이곳은 뒷날 정(鄭)씨가 도읍할 곳이니라. 너의 땅이 아니니 너의 땅으로 가라"고 해서 공사를 중단했다고 한다. 실상은 하륜을 비롯한 조정 신하들이 조운의 길이 멀다고 한사코 반대하는 바람에 신도안 대신 한양을 도읍으로 정한 것이었다. 하지만 당시 궁궐을 짓기 위해 다듬었던 주춧돌과 석재가 그대로 남아 있는 곳에 조선의 금서《정감록》의 예언이 얹어져 신도안은 새로운 왕도를 꿈꾸는 수백 명의 '정도령'들이 몰려드는 명당이 되었다. 《정감록》에는 '계룡산의 돌이 희어지고 풋개(지금의 논산시 노성면)에 배가 들어올 때 정도령이 새 나라를 이루어 천년왕국의 문을 연다'고 나와 있다.

조선 후기에 동학을 비롯한 민족종교들이 많이 창시되었

●   조선 건국 초기에 도읍으로 정해졌던 계룡산 남쪽 마을.
●●   폭포가 떨어지는 바로 밑에 생긴 웅덩이, 용소(龍沼)라고도 한다.

고, 일제강점기인 1924년 즈음 신흥종교 집단들이 집중적으로
자리잡기 시작했다. 동학농민혁명이 끝난 뒤 동학의 제2대 교
주였던 최시형의 제자로 신흥종교인 시천교의 3대 교주였던
김연국이 연산면 두마면 용동리에 상제교 교당을 설치하면서
부터다. 당시 상제교의 신도수가 4~5만 명에 달했다고 한다.
상제교가 이곳에 뿌리를 내리자 유교와 불교, 선교와 정감록을
믿는 사람들, 그리고 증산 강일순의 화엄적 후천개벽사상과 김
항의 정역사상을 믿는 사람들이 모여들었다. '통일제단' '신령
도덕회' '간디연구소' '떡보살' '무량천도' 등 토속신앙과 무속
이 결합되고, 동학과 증산사상까지 더해진 종교단체들은 계룡
산 봉우리와 골짜기 깊숙한 곳에 예배소와 암자 등을 차려 놓
고 그들만의 세계를 구축해 나갔다.

　한국전쟁이 끝난 뒤 1950년대 초반, 신도안의 교단 수는
104개였다. 불교계가 62개, 동학계가 7개, 기독교계와 유도계
가 각 4개, 단군계와 도교계가 각 2개 종단이었다. 신도안의 세
대수는 1086가구였고 인구는 5600여 명에 달했다.

　하지만 1976년 3월 '종교정화운동'과 자연보호, 새마을운
동 등이 전개되면서 교주들 상당수가 산림법과 식품위생법 위
반, 사기 혐의 등으로 입건되었다. 1983년에는 신도안 재개발
사업에 따라 종교단체들이 이전할 수밖에 없었고, 이후 계룡시
가 들어서고 육해공군 본부가 세워지면서 들어갈 수도 없는 곳

이 되고 말았다. 신도안의 종교인들은 전주 모악산을 비롯, 나라 곳곳에 있는 명승지의 암자 터로 뿔뿔이 흩어졌다.

신도안 뒤쪽에 우뚝 솟아 있는 상봉을 중심으로 왼쪽에 국사봉이 있고, 그 뒤로 연청봉, 오른쪽에 장군봉과 삼불봉이 보인다. 신원사 뒤쪽으로 난 등산로가 이 산들을 거쳐 간다. 이곳에서 오른쪽 길이 동학사로 가는 길이고, 오리쯤 가면 보이는 절이 용화사다. 왼쪽으로 난 길로 가면 신원사나 관음봉으로 가게 되는데, 그곳에 숫용추가 있다.

골짜기마다 선경이 펼쳐지고, 굽이굽이마다 사람 마음을 뒤흔들어 놓는 멋진 풍경을 바라보면서 '신도안을 보존했다면 오늘날 세계적인 관광명소가 되지 않았을까?' 생각해 본다.

신라 왕족 김헌창이 공주에 세운 나라

장안국(長安國)

성왕이 지금의 부여인 '남부여'로 도성을 옮긴 뒤 사비성의 백제가 나당 연합군에게 패망한 것은 660년이었다. 그 뒤 공주에 웅진도독부가 세워졌고, 그로부터 160여 년이 지난 822년 공주에 새로운 나라가 들어섰다. 태종 무열왕의 후손이며, 김주원의 아들로 웅천주(熊川州, 공주) 도독(都督)*이던 김헌창이 옛 백제의 수도였던 웅천주에서 백제 유민의 반신라 감정을 이용하여 난을 일으킨 뒤 새로운 나라를 열었다. 그는 나라 이름을 장안(長安)이라 지었고, 연호를 경운(慶雲)이라 하였다.

김헌창은 곧바로 지금의 광주광역시인 무진주와 지금의 전주인 완산주, 지금의 진주인 청주, 지금의 상주인 사벌주 등 4주 도독과 현재의 충주인 국원경과 현재의 청주인 서원경, 그리고 현재의 김해인 금관경의 3소경 사신(仕臣, 소경의 장관)들

● 신라가 삼국을 통일한 뒤 설치한 지방행정조직의 우두머리로,
   현재의 도지사 정도 된다.

과 여러 군, 현의 수령들에게 위협을 가해 복속시켰다.

김헌창의 아버지 김주원은 선덕왕 6년에 김경신(金敬信, 원성왕)과의 왕위계승 경쟁에서 패한 후 정계에서 물러났다. 그러나 780년(혜공왕 16년)에 일어났던 정변에서 큰 공을 세운 덕에 아들 김헌창이 정부에 참여하게 되었다. 그 뒤부터 김헌창의 벼슬길은 탄탄대로였다. 무진주 도독을 거쳐 807년(애장왕 8년)에는 시중(侍中)이 되었고, 그 무렵 원성왕의 후손 중 실력자였던 김언승(金彦昇, 훗날의 헌덕왕)과 자웅을 겨룰 만한 실력자가 되었다. 하지만 김언승이 애장왕을 살해하고 왕위에 오르자 외직인 무진주 도독으로 밀려나게 되었다. 아버지 김주원이 왕이 되지 못한 불만에 자신마저 외직으로 쫓겨나자 반란을 꾀하여 나라를 세운 것이다. 그러나 역사의 물줄기는 김헌창의 마음대로 흐르지 않았다. 《삼국사기》에 실린 그때의 상황을 보자.

청주 도독 향영이 몸을 빼어 추화군으로 달아났고 한산주(현 경기도 광주)와 삽량주(현 양산), 패강진(현 황해도 평산)과 북원경(현 원주) 등의 여러 성은 먼저 김헌창의 역모를 알고 병사를 모아 스스로 수비하였다. 18일에는 완산주 장사 최웅과 주조 정련의 아들 영충 등이 경주로 도망쳐 와 변란을 고하였다. 헌덕왕은 즉시 최웅에게 급찬의 위와 속함군 태수의 벼슬을 주고 영충에게는 급찬의 벼슬을 주고 장수 8명을 선발해 경주의 8방을 지키게 한 후 군대를 출동시켰다.

일길찬 장웅이 먼저 출발하고 잡찬 위공과 파진찬 제릉이 뒤따라갔으며, 이찬 균정, 잡찬 웅원, 대아찬 우징 등도 주력 부대를 이끌고 출동하였다. 장웅의 군대는 도동현에서 김헌창군을 격파하였고, 위공과 제릉은 장웅의 군과 합하여 삼년산성(현 보은)을 쳐 이기고, 다시 군사를 속리산으로 보내어 김헌창군을 섬멸하였다. 균정 등은 성산(현 성주)에서 김헌창군과 싸워 이를 멸하였다. 제군이 함께 웅진에 이르러 김헌창군을 참획함이 이루 헤아릴 수 없었다.

김헌창은 겨우 몸을 빼어 성내로 들어가 굳게 지켰다. 그러나 정부군의 포위와 공격이 열흘 동안이나 계속되어 성의 함락이 눈앞에 다가오자 화를 면치 못할 것을 알고 스스로 목숨을 끊었다. 마침내 김헌창의 난은 완전히 평정되었다. 한 달 남짓 장안국의 왕이었던 김헌창은 죽은 뒤에도 편안치 못했다. 그를 추종하던 자들이 머리를 베어 몸과 머리를 따로 묻었는데, 성이 함락되자 그의 무덤에서 시신을 끌어내어 다시 칼로 베고, 그의 친족과 가까운 사람 239명을 죽인 뒤 공을 세운 사람들에게 후한 상을 내렸다.

김헌창의 난이 끝난 지 3년 뒤인 825년에 그의 아들 김범문이 여주 고달산의 산적 수신과 함께 고구려 유민의 반신라 감정을 이용, 남평양(南平壤, 지금의 서울)에 도읍한다는 명분 아래 난을 일으켰다. 하지만 그 역시 실패로 끝났고, 무열왕계는 신라의 왕위 쟁탈전에서 완전히 밀려나게 되었다.

오랜 시간이 흐른 뒤 이곳을 찾았던 고운 최치원은 당시를 회고하며 다음과 같은 시 한 편을 남겼다.

띠처럼 두른 강과 산은 그려서 만든 듯한데
아아, 지금은 병란도 사라져 고요하네
음산한 바람 홀연히 불어 거친 물결 일으키니
아직도 생각나네. 그때 싸움터의 북소리

송산리 고분군에서 발견된 국보

무령왕릉

세상을 살아가면서 일어나는 일들은 우연일까, 필연일까? 지나고 나면 우연 같은 필연, 필연 같은 우연이 사람들의 삶을 지배해 왔음을 실감하게 된다. 역사의 아버지라는 평가를 받고 있는 헤로도토스는 자신의 저서 《역사》에서 우연과 인간에 대해 다음과 같은 말을 남겼다. "우연이 인간을 지배하는 것이지, 인간이 우연을 지배하는 것이 아니다."

공주시 금성동에 있는 백제 왕릉 송산리 고분군에서 그와 같은 우연이 일어났다. 송산리 고분(사적 제13호)은 웅진백제 64년 간 백제를 다스린 문주왕과 삼근왕, 동성왕과 무령왕 부부가 묻혀 있는 곳이다. 1호에서 5호까지의 무덤은 석실로 되어 있고, 6호분과 무령왕릉은 전축분*이다.

이 중 1호, 5호, 6호 고분은 1927~1940년 공주고보 교사로

●　벽돌로 널방을 만들어 주검을 넣는 무덤 형태.

근무하면서 공주 지역의 옛 무덤을 마구잡이로 발굴했던 가루
베 지온이 발견하였다. 가루베는 6호분을 사사로이 발굴하면
서 현장을 보존하지 않은 만행을 저질렀다. 가루베의 무단 발
굴은 당대에 큰 물의를 빚은 사건으로, 총독부 조사단의 일원
으로 참여한 후지타 료사쿠가 공개적으로 질책했다. 뒤늦게 고
분을 조사한 조선총독부 촉탁 고이즈미 아키오는 훗날 다음과
같이 분개했다.

"현장의 6호분 현실(무덤방) 내부는 도굴분이라 하지만 너무도
깨끗하게 치워져 있었다. 유물이라고는 토기조각 하나 남아 있
지 않았고 발자국만 어지러이 남아 있을 뿐이었다. (중략) 온후
한 후지타 위원의 질책은 아무런 내색없이 설명진에 참가하고
있는 특정인물(가루베를 지칭)을 향한 것임을 우리는 알 수 있었
다. 후지타 위원은 경찰서장과 군면의 수뇌자를 모아 '비록 도
굴분이라 해도 법에 따라 절대 개인이 발굴하도록 해서는 안되
며 앞으로는 법규에 따라 엄중 단속해 달라'고 신신당부했다."

훗날 가루베는 "6호분 안에 상당수의 유물이 있었다. 무덤
안은 상상 이상으로 완전히 보존되어 벽화, 불감, 관대 등이 있
었고, 이미 도굴됐지만 유물이 비교적 많이 남아 있었다. 호박
의 굽은옥 1점, 둥근옥 80여 점, 순금제 귀고리, 허리띠 장식,
큰칼(대도), 칼(도자), 금동제 달개(영락) 등 많은 것이 나왔다.

지금까지 빈약했던 웅진성 시대의 확실한 유물 중 단연 빛난다"라고 그 당시를 회고했다.

이후 1932년에 유람도로를 내다가 2호, 3호, 4호 무덤을 우연히 발견하였는데, 우연한 일은 1971년 다시 일어났다. 5호분과 6호분 사이에 물이 새어드는 것을 막기 위해 공사를 벌이던 중 우리나라 고고학 발굴사에 남을 기념비적인 무덤을 발견한 것이다. 가루베 지온은 공주를 떠날 무렵인 1940년 "백제 고분을 1000기 이상 조사했다"고 말했는데, 가루베를 비롯한 수많은 도굴꾼들의 눈을 피해 살아남은 능이 무령왕릉이었다.

무덤 입구의 지석에 새겨진 '영동대장군 백제 사마왕'이라는 명문 덕분에 이 무덤이 무령왕릉임을 알게 되었다. 그해 7월 8일 오후 4시 경 간단한 위령제를 지내고 발굴에 들어갔고, 밤을 꼬박 새워 아침 8시까지 17시간 만에 작업을 끝냈다. '감자밭에서 감자를 캐듯' 그렇게 졸속으로 이루어졌다. 훗날 발굴단 책임자들은 "기자들과 구경꾼들이 수백여 명 몰려와서 통제하기가 어려웠고, 장맛비가 그치지 않고 계속 쏟아졌기 때문에 무덤의 훼손을 염려해서 그랬다"는 변명을 남겼다.

이 발견은 백제사 연구에 커다란 획을 긋는 대사건이자 우리나라 고고학 발굴 사상 가장 가슴 벅찬 순간이었다고 평가받고 있다. 오랜 세월 속에 봉분이 깎여 일본인과 도굴꾼의 손길이 미치지 않은 그 무덤 속에서 나온 유물이 자그마치 108종류

4687점에 이르렀다. 그 중 12종 17점이 국보로 지정되었는데, 왕과 왕비의 관장식, 귀걸이, 목걸이를 비롯해 금으로 만든 각종 장식품이 많았다. 대부분의 유물이 왕과 왕비가 사용하던 것을 그대로 묻은 것으로 보이는데, 그때 출토된 부장품은 국립공주박물관에 고스란히 전시되어 있다. 그 중 왕과 왕비가 묘지를 살 때 계약한 매지권에 실려 있는 흥미로운 기록을 보자.

영동대장군 백제 사마왕(斯麻王, 무령왕 생전의 호칭)이 62세가 되는 계유년(523)에 돌아가시니 을사년(525) 8월에 장사 지내고 다음과 같은 문서를 작성한다.
'돈 1만 문(文)과 은 1건(件)을 주고 토왕(土王), 토백(土佰), 토부모(土父母)가 상하 지방관의 지신(地神)들에게 보고하여 왕궁 서서남방의 땅을 사서 묘를 만들었다.'

하지만 안타깝게도 무령왕릉 발굴은 너무 서두르는 바람에 유물들을 훼손했다는 평가를 받고 있다. 당시 발굴을 주도했던 국립박물관장 김원룡 박사의 회고담을 들어보자. 《노학생의 향수》라는 저서에 실린 글이다.

우리 발굴대원들은 사람들이 더 모여들어서 수습이 곤란해지기 전에 철야작업을 해서라도 발굴을 속히 끝내기로 합의하였다. 철조망을 돌려치고 충분한 장비를 갖추고, 한 달이고 두 달이고 눌러 앉았어야 할 일이었다. 예기치 않던 상태의 흥분 속에서 내 머리가 돌아 버린 것이다. 우리나라 발굴 사상 이런 큰일에 부딪친 것은 도시 처음인 것이다. (중략)

급히 발전기를 돌려서 어두운 전등을 켜 보니까 썩어서 내려앉은 관의 널들이 방안에 가득 깔려 있다. 그것을 광목에 싸서 하나하나 들어내니 바닥 벽돌 틈에서 나무뿌리들이 수세미처럼 바닥을 덮었고 썩은 널 사이사이에 구슬이나 금장식들이 흩어져 있었다. 사실은 몇 달이 걸렸어도 그 나무뿌리들을 가위로 하나하나 베어내고, 그러고 나서 장신구들을 들어냈어야 했다. 그런데 그 고고학 발굴의 ABC가 미처 생각이 안 난 것이다. 어두운 데서 메모를 하고 약도를 그리며 물건을 들어내는 작업이 꼬박 아침까지 계속되었다.

하여튼 유물을 들어내고 바닥은 청소되었다. 아무리 변명하여도 장신구 원상들이 소홀히 다루어진 것은 분명하였다. 큰 고분을 발굴하면 불길한 재난을 당한다는데 내가 바로 그것을 당한 것이다. 고고학도로서 큰 실수를 저지른 것이다.

이 고분군에서 나온 기록에 무령왕릉 조성 경위가 다음과 같이 실려 있다. 우리나라에 산재한 왕릉 중 이렇게 왕릉의 주인공과 조성 경위를 기록으로 남겨 놓은 곳은 매우 드물다.

무령왕 23년인 523년, 무령왕이 62세로 사망했다.

성왕 3년인 525년 8월 12일, 왕의 3년상을 마치고 매장했다.

성왕 4년인 526 11월, 무령왕비가 별세해 가매장했다.

성왕 7년인 529년 2월 12일, 왕비의 3년상을 마치고 왕과 합장했다.

훗날 무령왕릉에서는 직경 17.8센티미터의 동경이 1점 출토되었는데, 그 거울에는 다음과 같은 명문이 씌어져 있었다. 무령왕이 건강하게 오래 살았던 비결을 새긴 것이다.

상방에서 거울을 만든 것이 진실로 좋아서 옛날 선인들도 늙지 않았고 목마르면 옥천의 물을 마시고 배고프면 대추를 먹어도 쇠나 돌과 같은 수명을 누렸다.

한편 일본 천황 집안이 '무령왕의 자손'이라고 말한 사람이 2019년 천황에서 스스로 물러난 일왕 아키히토다. 그는 2002년 한일 공동 축구대회를 앞둔 68세 생일날 기자회견에서 다음과 같은 말을 남겼다. "나 자신과 관련해서는 옛 칸무천황의 생모가 백제 무령왕의 자손이라고 《속 일본기》*에 기록되어 있어서 한국과 인연을 느끼고 있다." 그 당시 백제와 일본의 교류가 활발하였기 때문에 양국 간 혼사나 경제협력도 여러 형태로

● 일본 나라시대(710~794년)와 헤이안시대(794~1185년)에 국가가 편찬한 역사책.

이루어졌던 사실을 추정해 보면 한국과 일본의 관계가 범상치 않음을 유추할 수 있다.

권오영 서울대 교수는 무령왕릉을 두고 다음과 같이 말했다. "6세기 전반은 백제, 양나라(중국), 일본 간에 유례없이 교류가 활발하던 시기였으므로 한·중·일 나아가 동남아까지 학문과 예술을 교류한 흔적이 무령왕릉에 고스란히 남아 있다."

© trabantos

송산리 고분군에 있는 무령왕릉. 1971년 우연히 발견된 이 왕릉은 백제사 연구에 커다란 획을 긋는 대사건이었다.

왕과 왕비가 묘지를 살 때 계약한 매지권.

　유네스코에서 2015년 송산리 고분군을 포함한 백제역사지구를 세계문화유산에 등재시킬 때에도 '백제 유물의 세계성'이 높게 평가되었다.

무령왕릉 국보를 만날 수 있는
국립공주박물관

공주시 웅진동에 있는 국립공주박물관은 웅진백제의 문화를 재조명하고 국민들에게 문화공간을 제공하기 위해 설립되었다. 백제의 두 번째 도읍지인 공주에 백제 시대의 유적과 유물을 조사하고 보호할 목적으로 공주고적보존회가 설립된 것은 1934년이었다. 충청감영이 대전으로 옮겨진 뒤 1940년에 충청도 감영의 중심건물이었던 선화당을 중동으로 이건하면서 공주사적현창회를 조직하였다. 그해 10월 선화당을 유물전시실로 활용하여 공주박물관을 개관하였고, 1945년 서울에 국립박물관이 정식 개관함에 따라 1946년에 국립박물관 공주분관으로 편제되었다.

공주가 박물관으로 새롭게 도약한 것은 1971년 세계적인 유물인 백제 무령왕릉이 발굴되면서다. 그 유물을 전시하기 위해 새로운 건물을 지었고, 1973년에는 신축 개관하였다. 1975년 직제가 개편되어 국립공주박물관이 되었고, 2004년에는 웅

2015년 유네스코 세계유산으로 지정된 공산성은 면적이 좁은 편이지만 성과 누각들의 형세가 아름답고 견고하다.

공주시를 휘돌아 흐르는 금강.

공산성 안에는 조선 세조 때 세워진 영은사라는 절이 남아 있다.

웅진백제를 다스린 왕과 왕비가 묻힌 송산리 고분군은 '백제 유물의 세계성'이 높이 평가되어 세계문화유산에 등재되었다.

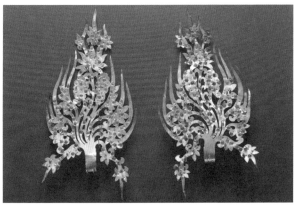

국립공주박물관은 무령왕릉에서 발굴된 유물을 전시하고 있다.
사진은 2016년 제작된 무령왕 흉상과 금제관식.

갑사에서 동학사로 넘어가는 계룡산 길. 골짜기마다 선경이 펼쳐진다.

'춘마곡 추갑사'라는 말이 있지만 가을 마곡사 길도 운치 있다.

마곡사 대웅보전은 조선 중기의 사찰 건축양식을 보여주는 귀중한 문화재로, 2층 건물이지만 내부는 통층으로 뚫려 있다.

백범 김구 선생이 은거하며 원종이라는 법명으로 수도했던 마곡사 백범당.

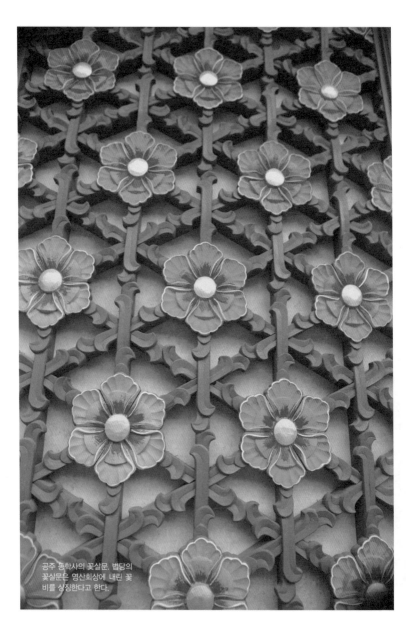

공주 동학사의 꽃살문. 법당의 꽃살문은 영산회상에 내린 꽃비를 상징한다고 한다.

진동에 건물을 신축해 이전 개관했다.

　국립공주박물관은 총 면적이 1만4000제곱미터(4200평)이고 전시관 건물은 1600제곱미터다. 상설 전시되고 있는 유물은 무령왕릉 출토 금제관식(국보 제154, 155호)과 석수(국보 제162호)를 포함해 국보가 14건 19점이고, 보물은 대통사지 석조

왕의 무덤을 지키는 상상의 동물인 무령왕릉 진묘수. 국립공주박물관에 소장되어 있다.

국립공주박물관에 소장된 금동관음보살입상은 몇 안 되는 백제 불상 중 하나다.

를 비롯해 4건 4점이며, 중요 유물 1000여 점이 있다. 전시실은 1층 무령왕릉실과 2층 웅진문화실, 그리고 야외정원 전시실로 구성되어 있다. 무령왕릉실에서는 묘지석, 왕의 관식, 다리작명 은제팔찌 등을 감상할 수 있고, 웅진문화실에서는 최근에 발굴된 4·5세기 공주 지역 지방세력의 존재를 밝혀준 수촌리 백제 고분 출토품들과 비암사 계유명삼존천불비상 등의 불교미술품들을 만나볼 수 있다.

구석기시대의 생활상 보여주는
석장리 유적

공주시 장기면 장암리(현 석장리동)의 구적골은 옛날에 큰 절이 있던 지역으로 이곳에 베 짜던 굴이 있었다. 난리가 일어나면 마을 사람들은 높이 8척, 넓이 5척, 깊이 15척인 이 굴로 들어와 피난하면서 베를 짰다고 한다. 이곳에서 구석기시대의 유물들이 출토되었다.

유물을 처음 발견한 사람은 미국의 위스콘신 대학교에서 고고학 박사 과정을 밟고 있던 앨버트 모어 부부였다. 1962~1963년 이곳을 답사한 그들이 홍수로 무너진 금강 주변토층에서 뗀석기를 여럿 발견한 것이다. 1964년 봄에는 연세대 사학과 손보기 교수가 이들 부부와 함께 현장을 답사해 새로운 석기를 찾아냈다. 이후 1972년까지 손 교수와 연세대학교 박물관이 12차례의 발굴조사를 진행했고, 석장리가 3만 년 전 구석기시대 사람들의 집 터로, 그 당시 생활상을 엿볼 수 있는 귀중한 유적임을 확인했다.

손보기 교수의 제자로 1969년부터 5년 동안 발굴에 참여한 박희현 서울시립대 명예교수는 다음과 같이 당시를 회고했다.

"지금이야 번듯한 박물관까지 들어섰지만 그땐 도로조차 없어서 발굴 장비랑 식자재를 매일 배로 실어 날랐어요."

석장리 유적의 지질층은 강바닥과 강가 그리고 비탈 쌓임층*으로 나뉘며, 아래 쌓임층들은 두 개의 다른 간빙기와 제4빙기에 쌓인 것으로 밝혀졌다. 비탈 쌓임층의 1호 집터에서 나온 화덕의 재는 2만830년 전의 것임을 알 수 있고, 맨 밑의 강바닥층은 30~50만 년 전의 것으로 추정하고 있다. 이곳에 구석기시대 전기와 중기, 후기의 유적층이 다 있으며, 밀개, 집게를 비롯한 깬석기**와 새와 물고기 모양의 돌조각들이 발견되어 구석기시대 사람들이 무엇을 먹고 살았는지 유추할 수 있게 해주었다.

구석기 전기의 '곧선'*** 사람들(호모 에렉투스, Homo erectus)은 차돌과 편마암을 거칠게 떼어내 외날찍개·안팎날찍개의 무거운 석기를 만들어 사용했음을 알 수 있었고, 구석기 중기의 '슬기'**** 사람들(호모 사피엔스, Homo sapiens)은 반

●　퇴적층.
●●　돌을 때려 작게 만들어 도구로 사용한 뗀석기에서 발전해 돌을 다듬어 도구로 만든 것.
●●●　오스트랄로피테쿠스에서 한 단계 진화한 인류로, 아프리카에서 등장하여 세계 각지로 퍼져 나간 것으로 보인다.

암을 떼어내 전기 사람들보다 좀 더 발달한 긁개와 찌르개·자르개와 홈날·톱날석기를 몸돌과 격지석기로 만들었고 돌려떼기 수법도 썼던 것을 알 수 있었다. 구석기 후기의 '슬기슬기'* **** 사람들(호모 사피엔스 사피엔스, Homo sapiens sapiens)은 아주 발달한 대고떼기(간접떼기)와 돌날떼기 수법을 사용하면서, 돌날자르개와 돌날긁개, 돌날밀개와 돌날새기개 등을 만들어 세밀하고 정밀한 작업을 했던 것으로 추정되었다. 그들은 돌감도 검은유리돌(黑曜石)이나 수정을 멀리서 가져다 썼다.

구석기인들은 오늘날의 현대인들과 마찬가지로 집을 짓고 불을 피우며 살았다. 여름에는 화덕을 집 밖에 두었고, 겨울에는 집 안에서 사용했다. 집터 안에서 발견된 머리털을 분석해 보니 인간의 머리카락과 동일했다. 부싯돌로 불을 피웠던 것처럼 여러 차례 문지르고 그어서 불을 피우는 데 썼던 모래 돌들도 나왔다. 또한 땅바닥과 벽에 홈을 파서 새겨 놓은 고래 형상과 여러 형태의 물고기상들을 보면 둥글납작한 자갈돌에 그림을 그려 예술성을 표현했음을 알 수 있다. 이 지질층 위에 중석기시대의 얇은 층이 덮여 있는데, 잔돌날·잔돌날몸통·잔새기개·잔긁개들이 출토되어 중석기시대의 문화 발달상을 보여주었다.

●●●● 호모 에렉투스에서 진화한 인류. 도구를 제작하고, 불을 사용하는 새로운 조리법을 찾아낸다.

●●●●● 약 4만 년 전에 지구에 등장한 현생인류. 돌을 다루는 기술이 매우 뛰어나 여러 가지 석기를 정교하게 만들어 사용했다.

　석장리 유적은 1990년 10월 사적 제334호로 지정되었다.
2006년에는 '석장리 박물관'을 개관해 유적과 유물을 보호 관
리하고 있다. 공주 지역 구석기 문화의 역사적 가치를 지속적
으로 보존하고 이를 발전적으로 계승하는 사명을 가진 박물관
에서 유물발굴 과정과 내용에 관한 자료들을 만날 수 있다.

남겨진 유물로 궤적을 찾은

반죽동 대통사지

우리나라에는 수많은 옛 절터가 있다. 언제 누가 창건했고, 어느 때 폐사되었는지 추정할 수 없다 보니 이름조차 알 길이 없는 폐사지에 가보면 깨진 기왓장과 석축만 남아 잊혀진 역사를 그리워하는 경우가 많다. 그런 의미에서 공주시 반죽동에 있는 대통사지는 백제 시대 절터 중 그 위치와 창건연대를 정확히 알 수 있는 절로 의미가 크다.

반죽동은 본래 공주군 남부면 지역으로 반죽(斑竹)*이 많아서 반죽골 또는 반죽리라고 불렀다. 이곳에 터만 남은 대통사에 대한 기록이 《삼국유사》 '권3 흥법 제3, 원종이 불교를 중흥시키고 염촉이 몸을 희생하다'에 다음과 같이 실려 있다.

또 대통 원년(527) 정미에 양나라 황제를 위하여 웅천주에 절을

●   대의 표피에 반점이 있는 대나무.

세우고 절 이름을 대통사라고 하였다.

신라 법흥왕이 양 무제를 위해 527년 또는 529년 웅진에 세웠다고 하지만 그 당시는 백제 땅이었기 때문에 신라에서 이곳에 절을 세우는 일이 가능하지 않았을 것이다. 그래서 학계는 웅진 천도 후 도성에 세워진 절 중 가장 큰 규모를 자랑했던 대통사는 대통불을 모시기 위해 백제 26대 성왕 7년인 529년에 창건하고, 폐사 시기는 불확실한 절로 보고 있다. 일제강점기에 절터를 발굴할 때 '대통사(大通寺)'라고 새겨진 기와조각과 토제벼루가 출토되어 이곳이 대통사였음을 알게 되었고, 당시 중문 터, 금당 터, 그리고 탑이 서 있던 자리와 회랑 터가 발견되었지만 그 뒤 묻어버려 자취를 찾을 길이 없게 되었다.

그러다가 2018년 대통사지에서 150여 미터 떨어진 공주시 반죽동 197-4번지 주택 부지에서 웅진도읍기 시대의 백제 기와와 전돌이 무더기로 나왔다. '대통(大通)'이라는 명문이 새겨진 기와가 출토되었는데, '대' 자는 깨져 나가고 '통' 자 일부만 남아 있었다. 일제강점기 대통사지 조사에서 수습되어 국립공주박물관에 보관되어 있는 '대통' 명문기와와 문양이 흡사하고 인장을 찍은 형태여서 동시대 명문기와로 추정된다. '바람이 불어 기와가 날아갔다'는《삼국사기》기록처럼 기와가 굉장히 얇은 점이 특징인데, 백제 한성도읍기 왕성으로 확실시되는 풍납토성에서 나온 기와의 전통을 이어받은 것으로 보인다.

이곳에 남아 있는 문화유산으로 절 입구에 깃대를 달기 위해 세웠던 당간지주(보물 제150호)가 있다. 높이가 329미터나 되어 1500년 전 대통사의 위엄을 유추해 볼 수 있다. 하지만 이 당간지주는 신라 이후에 만들어진 것으로 보이기 때문에 백제가 역사 속으로 사라진 후에도 대통사는 큰 절로 계속 존속되었던 것으로 추정된다.

대표적인 대통사 유물로는 중동 석조(보물 제148호)와 반죽동 석조(보물 제149호)를 들 수 있다. 석조는 일종의 물을 담아 두는 돌그릇으로 절에서 많이 볼 수 있는 유물인데, 석조 대좌 위에 기둥을 세우고, 그 위에 돌을 깎아 얹은 뒤 물을 담는 그릇을 만들었다. 중동 석조보다 조금 큰 반죽동 석조는 너비

대통사지 당간지주는 높이가 329미터나 되어 1500년 전 대통사의 위엄을 유추하게 해준다.

155센티미터에 깊이 56, 돌 두께가 16.5센티미터다. 그릇 가운데에 두 줄 띠를 두르고 사면에 꽃잎이 여덟 장인 아름다운 연꽃을 새겼는데, 연꽃 모양의 그릇에 연꽃이 피어나길 염원하는 백제인의 마음이 담겨 있었을 것으로 추정된다. 이 석조들은 1940년 국립공주박물관으로 옮겨졌다.

대통사지의 대표 유물인 석조. 아름다운 연꽃을 새겨 그릇에 연꽃이 피어나길 염원하는 마음을 담았다.

330년 간 충청도 행정이 이루어진
충청감영

공주를 찾는 사람들이 의아해하는 것 중 한 가지가 '어째서 국립공주박물관 옆에 충청감영이 있는가?'이다. 충주도 아니고 청주도 아닌 공주에 충청감영이 있었던 까닭이 무엇일까?

충청감영은 조선 시대 충청북도 충주에 있던 충청도 관찰사*가 업무를 집행하던 관청이다. 나라의 기틀이 잡혀감에 따라 조선 정부는 지방 행정조직을 고려의 5도 양계에서 8도로 개편하였다. 경기·충청·전라·경상·강원·함경·평안·황해 중 충청도는 고려 공민왕 때의 양광도를 개칭한 것으로 1395년(태조 4년)에 관찰사를 두고 충주에 감영을 두었다. 관찰사는 1년의 임기를 마치면 중앙에 돌아가 일체의 사무를 보고하도록 하였는데, 충청도에는 충주·청주·공주·홍주 등 네 곳에 판관**이 있었다.

●　　조선 시대 각 도에 파견된 지방 행정의 최고 책임자.
●●　　조선 시대의 종5품 관직으로, 행정실무를 지휘했다.

207년간 충주에 있던 감영을 공주로 옮긴 것은 1602년(선조 35년)이었다. 옮긴 이유는 임진왜란을 겪으면서 충주 일대가 대부분 초토화되었지만 공주는 정유재란 때 일시 함락된 적은 있으나 충주보다는 피해가 적었기 때문이다. 또 충주는 충청도 동북부에 치우쳐 있는 반면 공주는 금강의 물길은 물론 충청도 각지로 통하는 교통의 요충지에 자리 잡고 있었다.

동학농민혁명의 지도자 전봉준은 동학이 실패로 돌아간 뒤 서울로 압송되어 공초를 받으면서, 동학농민군의 공주성 공격 목적과 그때의 상황을 다음과 같이 말했다. 공주 감영의 입지가 얼마나 좋았는지 알 수 있게 해준다.

공주 감영은 산에 막히고 강을 끼고 있어 능히 지키기 좋은 자리였다. 그래서 이 땅을 차지하려 하였으나 일본군이 공주를 차지하여 그것을 빼앗지 않을 수가 없었다. 두 번 접전하고 나니 1만 명이나 되었던 군사가 삼천 명밖에 남지 않았고, 그 뒤에 다시 싸우고 나니 오백 명밖에 남지 않았다.

감영을 옮긴 뒤 충청도 관찰사가 공주 목사를 겸하였으므로 도 관찰사 유근이 감영 설치를 위한 절차를 왕에게 보고하였다. 1603년(선조 36년)에 '겸목하라'는 임금의 비답을 받고 공산성에 설치된 충청감영이 감영 건물과 공북문, 진남문을 건립해 업무를 시작하면서 공주가 호서지방의 중심도시로 부상

했다. 그 당시 공산 현감을 지냈던 신유의《호서순영중수기》에 공산성 내의 충청감영 모습이 잘 그려져 있다.

성의 동쪽은 월성산의 쌍봉이 우뚝 솟아 있어 골짜기는 깊고, 감영 건물 절반은 낭떠러지에 걸쳐 있으며, 집들은 마치 돌에 붙은 구조개와 같다.

1604년에는 감영이 협소하다는 이유로 공주 시내로 내려왔다. 1624년 평안도 병마절도사 이괄이 영변에서 난을 일으키자 인조가 피난지로 선택했던 곳이다. 당시 인조는 이곳에 6일간 머물며 행재소*로 활용했다.《인조실록》1624년 2월 7일 자에는 '공주산성은 앞에 큰 강이 펼쳐져 있어 형세가 매우 좋고 길도 멀지 않으니, 급히 들어가 있으면서 진퇴를 하는 것이 좋겠다'라는 글이 실려 있다.

1646년(인조 24년)에 큰 장마로 인하여 선화당이 떠내려가서 금성동의 성 안으로 옮겼다. 그 뒤 1653년(효종 4년)에 관찰사 강백년이 지금의 공주사범대학 자리로 옮겼다. 1706년(숙종 32년)에는 관찰사 이제의 건으로 충청감영이 새로 지어졌는데, 선화당을 중심으로 좌우에 관아 건물을 총 260칸 규모로 지었다. 1900년(순종 4년) 나라를 빼앗긴 후 충청남도 도청으로 이

● 임금이 멀리 거둥할 때 임시로 머무르는 별궁.

름이 바뀐 채 그 명맥을 유지했다.

조선을 강점한 일본은 한반도를 엑스(X)자형 종관철도망*
으로 연결하면서 편의라는 명분을 내세워 철도가 통과하는 지
점에 도청 소재지를 이전시키는 식민지 지배 통치체제를 구축
하였다. 1910년에는 경기도 수원에서 경성부로, 1920년에는
함경북도 원산에서 나남(청진)으로, 1923년에는 평안북도 의주
에서 신의주로, 1925년에는 경상남도 진주에서 부산으로 각각
이전하였다. 충청남도 도청의 이전은 1910년을 전후하여 호남
선 부설 논의가 전개되면서 시작되었다. 대전 지역 일본인 거
류민을 중심으로 여론이 분분했으나 공주 지역 사람들의 반대
로 우여곡절을 겪다가 1932년 9월 3일부터 이전을 시작, 그해
10월 1일 대전으로 이전 완료했다.

충청감영이 대전으로 옮겨 간 뒤 그 자리에 있던 건물을
1938년 중동으로 옮겨 공주박물관으로 사용했고, 감영 자리에
공주사범대학이 들어서면서 공주 감영의 모습은 흔적도 없이
사라지고 말았다.

충청감영을 지금의 자리인 웅진동으로 옮겨 복원한 것은
오랜 세월이 흐른 1992년이었다. 새로 지은 충청감영 옆에는
공주시에서 조성한 공주한옥마을이 있다. 한옥의 전통적인 아

●　서울과 대전을 중심으로 한반도의 사방 끝부분을 대각선으로 연결하는 모양의 철도망.

름다움과 현대적인 편리함이 조화를 이룬 숙박시설로, 구들장과 전통문화 체험시설, 공예공방촌, 바베큐장, 개울·야외정원 등을 갖춰 힐링 여행지로 인기를 끌고 있다. 2018년에는 충청감영의 정문이었던 포정사 문루가 복원되어 공주사대 부설 중고등학교의 특별한 교문 역할을 하고 있다.

역사의 파란을 겪고 복원된 모습으로 우리 앞에 선 충청 감영 선화당의 현판.

사계절이 아름다운
공주를 걷다

봄 풍경이 아름다운
춘마곡사(春麻谷寺)

　'춘마곡(春麻谷) 추갑사(秋甲寺)'라는 말이 있다. 봄 풍경은 꽃이 아름다운 마곡사가 좋고, 가을 풍경은 단풍이 아름다운 갑사가 좋다는 말이다. 공주시 사곡면 운암리 태화산 남쪽 기슭에 자리잡은 마곡사는 대한불교 조계종 제6교구의 본사다. 조선 숙종 때의 문신으로 이조판서를 지낸 송상기는 마곡사를 찾은 소회를 다음과 같이 노래했다. "절은 고갯마루 아래에 있었고, 10여리 길가에 푸른 시냇물과 흰 바위가 있어 저절로 눈이 트였다."

　강물이 시원스럽게 휘돌아가는 곳에 자리잡은 마곡사의 창건 시기 및 이름에 대해서는 여러 설이 있다. 그 하나는, 신라 640년(선덕여왕 12년)에 당나라에서 귀국한 자장율사가 선덕여왕으로부터 하사받은 전 200결로 통도사, 월정사와 함께 이 절을 창건했는데, 자장율사의 법문을 듣기 위해 찾아온 사람들이 '삼과 같이 무성했다' 하여 '삼마(麻)' 자를 넣어 마곡사라고 하였다는 설이다. 다른 하나는, 신라의 승려 무선이 당나라에서 귀국해 이 절을 지을 때 스승이었던 마곡 보철화상을 사모하는 뜻에서 마곡사라 이름 붙였다는 설이다. 현재 첫 번째 설을 더 많이 따르고 있다.

창건 이후 신라 말부터 고려 초까지 약 200년 동안 폐사된 채 도둑떼의 소굴로 이용되던 것을 1172년(명종 2년)에 보조국사가 제자 수우와 함께 왕명으로 중창하였다. 보조국사가 처음 절을 중창하려고 할 때 도둑들에게 물러갈 것을 명하였으나 도둑들은 오히려 국사를 해치려 하였다. 이에 보조국사가 공중으로 몸을 날리며 신술(神術)로써 많은 호랑이를 만들어 도둑들에게 달려들게 했더니 그제야 혼비백산하여 달아나거나 착한 사람이 되겠다고 맹세를 했다. 절을 되찾은 보조국사는 왕에게서 전답 200결을 하사받아 대가람을 이룩하였다.

당시의 건물은 지금의 2배가 넘었으나 임진왜란 때 대부분 소실되었다. 그 뒤 다시 60여 년 동안 폐사되었다가 1651년(효종 2년)에 각순이 대웅전과 영산전, 대적광전 등을 중수하였다. 일제강점기에는 31 본산의 하나로 도내 100여 사찰을 관장했다. 유네스코 세계유산으로 지정된 마곡사는 현재 충청남도 일대의 70여 개 말사를 관장한다. 보물과 문화재 등 빼어난 문화유산이 산재해 사람들의 마음을 사로잡는다.

　문화유산 답사는 해탈문으로 들어가기 전 만나는 영산전 (보물 제800호)에서부터 시작된다. 이 절에서 가장 오래된 건물인 영산전은 조선 중기의 목조건축 양식을 대표할 만한 것으로, 건물 앞 겹처마와 뒤 홑처마 지붕의 길이가 서로 다른 독특한 양식이다. 현판은 세조가 김시습을 만나기 위해 이 절에 왔다가 만나지 못한 채 돌아가면서 남긴 필적이라고 한다. 건물 내에는 천불(千佛)이 봉안되어 있다. 해탈문을 지나 극락교를 건너는데, 다리 아래에는 수많은 고기들이 떼지어 노닐고, 다리를 건너면 이 절에서 스님으로 수행하던 김구 선생이 해방 이후 들러 심었다는 향나무가 한 그루 서 있다.

　대광보전 앞에 서 있는 높이 8.4미터의 오층석탑(보물 제799호)은 고려 후기에 세워진 것으로 추정된다. 라마교 탑과 비슷하여 원나라의 영향을 받은 것으로 보인다. 임진왜란 때 도괴되어 탑 안의 보물들을 도난당했지만, 1972년 수리할 때 동제 은입사향로와 문고리가 발견되었다. 천장 무늬가 아름다운 대광보전(보물 제802호)은 1788년(정조 12년)에 세워졌다고 전해진다. 정면 5칸, 측면 3칸 규모의 다포계 단층 팔작지붕이다. 현판을 정조 시대에 활약했던 표암 강세황이 썼다고 하며, 절 안에는 본존인 비로자나불이 서쪽에 앉아 동쪽을 바라보고 있다.

　대광보전 뒤편에는 대웅보전이 있다. 조선 중기의 사찰 건축양식을 이해하는 데 도움 되는 귀중한 문화재다. 우리나라에 무량사 극락보전, 화엄사 각황전 등 몇 안 되는 2층 건물로 내부는 통층으로 뚫려 있다. 건물 기둥을 안고 한 바퀴 돌면 6년을 장수한다는 전설이 전해진다. 현판은 신라 때의 명필 김생의 글씨라고 하나 확실하지는 않다. 안에는 정교하게 짠 참나무 돗자리가 깔려 있는데 재미있는 이야기가 전해진다. 100여 년 전 어떤 앉은뱅이가 100일 동안 자리를 짜면서 법당에 모신 비로자나불에게 자신의 불구를 낫게 해달라고 정성을 다해 기도했는데, 기도를 마치고는 저도 모르게 일어서서 법당 문을 나섰다는 이야기다.

이외에도 마곡사에는 강당으로 사용하는 흥성루, 해탈문, 천왕문, 16나한과 2구의 신장을 모신 응진전, 명부전과 국사당,

대광보전 앞에 서 있는 오층석탑은 라마교 탑과 형태가 비슷하여 원나라의 영향을 받은 것으로 보인다.

© aminkorea

마곡사에서 가장 오래된 건물인 영산전은 조선 중기의 목조건축 양식을 대표한다. 현판은 세조가 김시습을 만나러 왔다가 만나지 못한 채 돌아가면서 남긴 필적이라고 한다.

대향각, 영각이 있으며, 대광보전 옆에는 요사채인 심검당이 ㄷ자형으로 크게 자리잡고 있다. 영산전 좌우에는 벽안당과 수선사가 있고, 스님들이 거처하는 요사채도 9동이나 된다. 마곡사 동종(충청남도 유형문화재 제62호), 감지은니묘법연화경 제1권(보물 제269호)과 제6권(보물 제270호) 등 귀중한 문화유산도 소장하고 있다.

마곡사는 대한민국 건국에 큰 공을 세운 백범 김구와도 인연이 깊다. 김구는 동학의 신도였다. 대한제국 말 명성황후 시해 사건에 가담한 일본인 장교를 황해도 안악군 치하포나루에서 죽이고 인천형무소에서 옥살이를 하다가 탈옥한 뒤 승려로 위장한 채 마곡사에 숨어들었다. 이후 3년 동안 이 절에서 사미(沙彌)*로 일했는데, 그때의 상황이 《백범일지》 상권에 다음과

* 정식 승려가 받는 구족계(具足戒)를 받기 전의 남성 수행자

같이 기록되어 있다.

갑사에서 점심을 사 먹고 있었더니, 동학사로부터 와서 점심을 먹는 유산객 한 사람이 있었다. 인사를 하니 공주 사는 이서방이라 했다. 나이가 마흔이 넘은 선비로, 유산시를 들려주는데, 시로나 말로나 퍽 비관을 품고 있는 듯 했다. (중략)

이서방이 다정하게 내게 청했다.

"노형이 이왕 구경을 떠난 바에는 여기서 40여리를 가면 마곡사란 절이 있으니 그 절이나 같이 구경하고 가시는 것이 어떠하오."

나는 마곡사란 말이 의미심장하게 들렸다. 우리 집에《동국명현록》이라는 책이 있었는데 어렸을 적부터 보아온 그 책에 이런 이야기가 있었다.

밖에서는 2층 건물이지만 내부는 통층으로 뚫려 있는 마곡사 대웅보전은 삼존불을 모시고 있다.

'화담 서경덕 선생이 동지하례에 참례하여 크게 웃으니 임금이 물었다.

"경은 무슨 일로 무리 가운데서 혼자 웃느냐?"

화담이 아뢰었다.

"오늘 밤 마곡사 상좌승이 밤중에 죽을 끓이려고 불을 때다가 졸음을 이기지 못해 죽솥에 빠져 익사하였는데, 다른 중들은 전혀 알지 못하고 죽을 퍼먹으며 희희낙락하는 것을 생각하니 우습습니다."

임금이 곧 파발마를 놓아 하루 밤낮 쉬지 않고 300리를 달려 마곡사로 가서 조사하게 하였더니, 과연 그런 일이 있었더라는 이야기다.'

느닷없이 절에서 만난 이서방이라는 사람이 마곡사를 추천했고, 그런 인연이 결국 김구가 머리를 깎고 마곡사에 입산하는 계기가 된 것이다. 3년 뒤 김구는 "금강산으로 가서 경전의 뜻이나 연구하고, 일생 충실한 불자가 되겠다"며 경성으로 떠났다. 《백범일지》에 남긴 다음 글이 그의 의중을 헤아리게 한다.

망명객이 되어 사방을 떠돌아다니던 때에도 내게는 영웅심과 공명심이 있었다. 평생의 한이던 상놈의 껍질을 벗고, 평등하기보다는 월등한 양반이 되어 평범한 양반에게 당해온 오랜 원한을 갚고자 하는 생각이 가슴 속에 가득하였다. 그런데 중놈

이 되고 보니, 이상과 같은 생각은 허영과 야욕에 불과한 것이었다.

김구는 해방 후 돌아와 마곡사 대광보전 앞에 향나무 한 그루를 심었다. 그 나무 앞에는 '김구는 위명(僞名)이요, 법명은 원종(圓宗)이다'라고 쓰인 푯말이 꽂혀 있다. 광복절이나 삼일절에만 잠시 그 이름이 사람들에게 회자되는 백범 김구 선생은 그런 역정을 통해 우리 민족의 위대한 인물이 되었던 것이다.

마곡사는 또한《택리지》,《정감록》등 여러 비기(秘記)에 '전란을 피해 많은 사람들이 살 수 있는' 십승지지 가운데 하나로 꼽혀온 곳이기도 하다.《정감록》의 〈감결〉에는 '공주 계룡산 유구, 마곡 양수지간에 둘레 200리 안은 가히 난리를 피할 만하다'라고 하였다.《택리지》에는 다음과 같이 실려 있다.

고을의 서북편에 있는 무성산은 차령의 서쪽 줄기 중 맨 끝이다. 산세가 빙 돌아 있으며, 그 안에 마곡사와 유구역참*이 있다. 골짜기에는 석간수 물이 많으며, 논은 기름지고, 목화·수수·조를 가꾸기에 알맞아서 사대부와 평민이 한번 이곳에 살면 흉년·풍년을 알지 못한다. 살림이 넉넉하기 때문에 떠다니거나 이사해야 하는 근심이 적어서 낙토라고 할 만하다.

● 고려 시대에 설치된 유구역은 호남 지방에서 한양으로 가는 지름길에 있어 나라의 역참으로 중요한 역할을 하였다.

무성산(해발 613미터)은 우성면·정안면·사곡면의 경계에 있는 산이다. 1945년 해방 이후 《정감록》을 믿고 몰려든 사람들과 한국전쟁 이후 황해·평안·함경도 피난민들의 정착지로 지정되어 많은 사람들이 화전을 일구고 살았다. 화전민들은 높은 지대를 이용하여 마약의 원천인 양귀비를 대량재배해 큰 물의를 일으키기도 했다. 조선 시대 3대 도적 중 하나로 알려진 홍길동이 쌓았다는 무성산성(일명 홍길동성)과 그가 거처했다는 굴이 남아 있다.

시간이 허락한다면 마곡사 탐방에 이어 태화산을 한 바퀴 도는 솔바람길을 따라 걸으며 솔잎에 스치는 바람소리를 들어보는 것도 잊지 못할 추억이 될 것이다.

마곡사는 백범 김구 선생이 은거하며 수도했던 장소다. 백범이 광복 후 마곡사에 들렀다가 찍은 기념사진.

가을 풍경이 아름다운

추갑사 (秋甲寺)

　　공주시 계룡면 중장리 계룡산 서쪽 자락에 자리잡은 갑사는 백제 420년(구이신왕 1년)에 고구려의 승려 아도화상이 창건하였고, 503년(무령왕 3년)에 천불전을 중창했다는 기록이 남아 있어 오랜 역사를 추정할 수 있다. 그 뒤 신라의 의상대사가 중수하여 화엄종의 10대 사찰 중 하나가 되었다고 한다. 조선 선조 때 정유재란으로 불타버린 것을 같은 해에 인조가 다시 세웠다.

　　갑사에는 대웅전, 강당, 대적전, 천불전을 비롯해 암자가 열 채쯤 들어서 있다. 안성 칠장사와 청주 용두사지 그리고 이곳에만 있는 철 당간지주가 그대로 남아 있고, 구리로 만든 종과 약사여래 돌 입상, 부도탑 등의 지방문화재도 있다. 조선 1569년(선조 2년)에 새긴《월인석보》판목도 소장하고 있는데,《월인천강지곡》과《석보상절》을 합쳐 엮은《월인석보》(보물 제582호)는 부처님의 일대기와 그의 공덕을 찬양한 내용이다.

높고 높은 석가모니 부처의 그지없고 가이없는 공덕을 이 세상이 다할 때까지 어찌 능히 말로 다할 수 있으리, 세존이 발을 드시니 장딴지에서 다섯 가지의 광명이 나서 꽃이 피고 꽃 사이에서 보살이 나오시니, 세존이 팔을 드시니 보배의 꽃이 들어 금시 소가 되어 용을 위협하니.

이런 글이 새겨져 있는 월인석보 판목은 우리나라에 유일하게 남아 있는 것으로, 훈민정음 창제 후 한글로 지은 첫 책이라 고어체로 실려 있어 현재 쓰지 않는 기호가 많이 보이지만 국어학 연구에 매우 귀중한 자료다. 월인석보 개판기에 의하면

갑사 승탑은 고려 시대 석탑 중에서도 손꼽히는 유물이다. 꿈틀거리는 구름무늬 조각 위에서 천인들이 악기를 타고 있는 기단부의 모습이 특이하다.

1569년(선조 2년)에 충청도 한산군 죽산리 백개만의 집에서 각자하여 연산군 불명산 쌍계사에 보관되어 있던 것을 갑사로 옮겨 왔다고 한다.

'추갑사(秋甲寺)'라는 명성만큼 가을 경치가 빼어나지만, 절의 초입에서부터 전 영역에 걸쳐 그윽하게 우거진 숲과 골짜기에서 바위를 비집고 흐르는 시냇물이 사시사철 아름다워 굳이 가을이 아니어도 가볼 만한 곳이다. 일주문을 지나면서 숲의 정취에 가슴이 서늘해지는 길을 걸어 계단을 오르면 처음 만나게 되는 건물이 조선 후기에 지어진 갑사 강당(충청남도 유형문화재 제95호)이다. 앞면 3칸, 옆면 3칸의 다포식에 맞배지붕을 얹고 있다. 강당 정면에 세워진 대웅전(충청남도 유형문화재 제105호)은 1.8미터의 화강암 기단을 쌓고 그 위에 덤벙 주초(기둥 밑에 받치는 돌)를 놓았다. 앞면 5칸에 옆면 3칸의 규모로 맞배지붕의 다포집이다. 동종(보물 제178호)도 빼놓지 않고 봐야 한다. 조선 선조 때인 1584년 국왕의 성수를 축원하는 기복(祈福)의 목적으로 만들어진 이 종은 높이 131미터에 지름 91미터 크기로, 신라 종과 고려 종을 계승한 조선 시대 전반의 동종 양식을 보여주는 대표적 작품이다.

동종을 지나 다리를 건너자마자 만나는 자그마한 탑은 이 절에서 짐을 져 나르다가 죽은 소를 기려 만든 공우탑이다. 계룡산에는 비구니들만 있는 세 곳의 사자암이 있어, 소 한 마리를

철 당간지주는 원래 28개의
철통이 이어져 있었는데 벼
락을 맞아 네 개가 부러지고
24개만 남았다. © 문화재청

길러 짐을 실어 나르게도 하고 심부름도 시켰다는데, 그 소가 늙어 죽자 비구니들이 공을 기려 탑을 세워주었다고 전해진다.

그곳에서 조금 더 가면 아름다운 건축물인 대적전에 이르고, 그 앞에 갑사 승탑(보물 제257호)이 있다. 배롱나무 아래 다소곳이 숨어 있는 승탑은 기단부는 물론 탑신부와 상륜부까지 모두 팔각으로 만든 팔각원당형으로, 꿈틀거리는 구름무늬 조각 위에서 천인들이 악기를 타고 있는 기단부의 모습이 특이하다. 조각의 내용이 다채롭기 이를 데 없어 고려시대 석탑 중에서도 손꼽히는 유물이다.

승탑에서 대나무숲이 우거진 길로 내려오면 철 당간지주(보물 제256호)와 만난다. 원래 28개의 철통이 이어져 있었는데 1893년(고종 30년) 벼락을 맞아 네 개가 부러지고 24개만 남았다. 조각 수법으로 보아 통일신라 중기였던 680년(문무왕 20년)에 세워졌을 것으로 추정되지만 확실한 기록은 없다. 당간은 큰 절의 입구에 세웠던 것으로, 그 꼭대기 장식에 청제 백제 적제 흑제 황제라는, 네 방향과 중앙을 맡아 다스리는 다섯 신을 상징하는 오색 깃발을 꽂았다고 한다. 부처님 탄신일인 4월 초파일에는 도르래를 이용해 괘불을 걸어 놓고 괘불제를 지내기도 한다.

계룡산의 향연
동학사에서 용문폭포까지

계룡산 동쪽에 있는 동학사 답사는 박정자 삼거리에서부터 시작된다. 고려자기를 만들었던 마을 사기소 남쪽에 있는 박정자마을은 밀양 박씨들이 모여 살면서 정자나무를 심어 지나는 길손들이 쉬어가게 했다고 하여 박정자라는 이름이 붙었는데, 지금도 유성에서 대전으로 가는 길목에 느티나무 세 그루가 서 있다.

박정자 삼거리에서 계룡산을 바라보고 직진하면 동학사가 나타난다. 공주시 반포면 학봉리 계룡산 동북쪽 기슭에 자리잡은 동학사는 724년(성덕왕 2년)에 상원이 암자를 지었던 곳에 회의가 절을 창건하면서 상원사라 하였고, 921년 도선이 중창한 뒤 고려 태조 왕건의 원당사찰*이 되었다. 936년 신라가 망하자 대승관 유차달이 이곳에 와서 신라의 시조와 충신 박제상

* 왕실과 귀족의 사찰 기도처.

의 초혼제를 지내기 위해 사찰을 짓고 확장한 뒤 절 이름을 동
학사로 바꾸었다. 한편에는 절의 동쪽에 학 모양의 바위가 있
어 동학사라고 하였다는 설과 고려의 충신이며 학자였던 정몽
주가 이 절에 제향해서 동학사(東學寺)라 하였다는 설도 있다.

1700년 이곳을 찾았던 송상기는 동학사 문루에 앉아 다음
같은 글을 남겼다.

처음 골짜기 어귀로 들어서자 한 줄기 시내가 바위와 숲 사이
로부터 쏟아져 나오는데, 때로는 거세게 부딪쳐 가볍게 내뿜고
때로는 낮게 깔려 졸졸 흐른다. 물빛이 푸르러 허공 같고 바위
빛도 푸르고 해쓱하여 사랑할 만하다. 좌우로 단풍과 푸르른
솔이 점을 찍은 것처럼 띄엄띄엄 흩어져 있어 마치 그림과 같
다. 절에 들어서는데 계룡의 산봉우리들이 땅을 뽑은 양 가득
하고 빽빽하게 들어선 나무들이 쭉 늘어서 때로는 짐승이 웅크
린 듯 때로는 사람이 서 있는 듯하다. 절이 뭇 봉우리 사이에 있
는 데다 보이는 곳의 흐름이 좁고 험하여 절 앞의 물이며 바위
가 더욱 아름답다. 거꾸로 매달린 것은 작은 폭포고 물이 빙 돌
아나가는 곳은 맑은 못이다.

하지만 이렇듯 고즈넉하고 아름다운 절 동학사를 두고 숙
종 때의 학자였던 남하정은《동소집》에 이렇게 썼다.

아침에 동학사를 찾았다. 동학사는 북쪽 기슭에 있는 옛 절인 데 양쪽 봉우리에 바위가 층층으로 뛰어나고 산이 깊어 골짜기 가 많으며 소나무와 단풍나무와 칠절목이 많았다. 지금은 절이 절반쯤 무너지고 중이 6~7명뿐인데 그나마 몹시 상하고 추레 하여 산중의 옛일을 물으니, "왕실의 부역으로 피폐하여 우리 들 가운데 한두 해 이상을 머무는 이가 없습니다"라고 하였다. 아! 누가 승려들은 번뇌가 없다고 일컬었던가?

남하정의 글을 읽다 보면 예나 지금이나 세상은 불합리하 고 흥망성쇠가 어디나 있음을 유추할 수 있다. 그 뒤에 이 절에 왔던 사람이 치능 권감으로 외숙과 함께 외할아버지인 남하정 의 자취를 따라 계룡산을 답사하면서 불에 탄 동학사를 바라보 며 시 한 수를 남겼다.

불의 신이 불문을 뽑았으니
지금의 터는 옛 도량이라.
그윽이 새들은 고목에서 호령하고,
어지러운 쥐들은 텅 빈 담을 넘나들며
불교야 비통히 여길 만한 것은 아니지만
큰불로 생긴 재앙이야 아파 할 일일세.
텅 빈 곳 불에 탄 검은 흙만 남았으니
이상향아 넌 어디에 있다는 거냐.

동학사가 불에 탄 것은 여러 기록으로 보아 1744~1799년의 일이었음을 추정할 수 있다. 현재의 동학사는 좁은 터에 대웅전, 무량수각, 대방, 삼은각, 육모전, 범종각, 동학강원이 들어서 있으니 남하정이나 그의 외손자 권감이 다시 살아온다면 매우 놀랄 것이다. 그뿐인가. 이곳에는 동학강원이 있어 청도 운문사의 강원과 함께 우리나라의 대표적인 비구니 수련도량이 되었다.

불타고 새로 지은 사찰이기에 눈여겨볼 문화유산이 없다는 점이 아쉽지만, 동학사에는 전주 사람인 창암 이삼만이 쓴 현판이 남아 있다. 이삼만을 두고 서예가이자 언론인인 오세창은 《근역서화징》*에서 이렇게 평했다.

어릴 적부터 글씨를 잘 썼으며 베에다 글씨 연습을 했는데, 베가 검어지면 빨아서 다시 쓰곤 하였다. 비록 질병에 걸렸을 때라 하더라도 거르지 않고 하루에 천 자씩 썼다. 그리고 스스로 말하기를, '벼루 세 개를 닳아뜨려 구멍이 날 정도가 되지 않으면 안 된다'고 하였다. 집안이 원래 부유했으나 글씨 공부로 인하여 쇠락하였다. 글씨 배우기를 청하는 사람이 있으면 한 점, 한 획을 1개월씩 가르쳤다.

● 우리나라 역대 서화가의 사적과 평전을 수록한 책.

이삼만을 생각하며 발길은 숙모전으로 향한다. 숙모전은 정면 3칸, 측면 2칸의 맞배지붕 초익공 형식의 사당으로 조선 전기에 억울하게 죽은 단종과 사육신, 금성대군을 비롯하여 김종서 등 신라, 고려, 조선의 충절인 280여 위를 배향하고 있는 사우다. 숙모전이 만들어진 때는 1456년(세조 2년) 가을이다. 단종 복위를 꾀하다 비참하게 죽은 사육신의 시신을 김시습이 혼자 수습하여 노량진에서 몰래 장사를 치르고 동학사로 돌아와 조상치, 이축 등과 삼은단 옆에 단을 모으고 초혼제를 지냈으며, 이어서 단종의 초혼 제단을 증설하였다.

그 이듬해 세조가 동학사를 찾아와 초혼단을 살핀 뒤 크게 감동하고서 비단에다 단종을 비롯하여 안평대군, 금성대군, 황

불타고 새로 지은 동학사에는 눈여겨볼 문화유산이 없지만, 계곡의 물소리를 벗 삼아 계룡산에 오르기에는 좋은 출발지다.

보인, 정분 등 그 당시 억울하게 죽은 사람들의 이름을 써서 초혼제를 지내고 초혼각을 짓게 하였다. 또한 세조는 토지와 산림 등을 내려 매년 10월 24일에 승려와 유생들이 함께 제사를 지내도록 하였다.

초혼단은 1728년(영조 4년) 이인좌의 난 때 신천영이 초혼각과 동학사를 방화하여 폐허가 되었다. 그 후 여러 차례 초혼각을 중건하기 위해 노력하였지만 1827년(순조 27년)에야 일각을 세웠고, 1864년(고종 1년) 동학사가 대대적으로 중건되면서 가람 40칸과 함께 초혼각 3칸이 마련되었다. 1904년(고종 41년)에는 초혼각을 숙모전(충청남도 문화재자료 제67호)이라 개칭하고 사액하면서 단종의 비 정순황후를 단종 위패에 합독하였다. 숙모전에는 현재 89위가 모셔져 있고, 음력 3월 보름과 10월 24일에 추모제를 지낸다.

숙모전 옆의 삼은각(충청남도 문화재자료 제59호)은 포은 정몽주와 야은 길재, 목은 이색 등 고려 말의 삼은을 제사 지내는 곳이다. 1394년(태조 3년)에 고려말의 유신 야은 길재가 승려 영월·운선과 함께 동학사에서 제를 지낸 후 절 옆에 단을 쌓고 고려 태조를 비롯한 충정왕, 공민왕의 초혼제를 지냈다. 그 후 1399년(정종 1년)에 고려의 유신 유방택이 선죽교에서 이방원에게 죽임을 당한 정몽주와 여주 신륵사 앞 남한강에서 의문사한 이색의 넋을 기리는 제를 올렸다. 1400년(정종 2년)에는 공주 목사 이정간이 건물을 세웠는데, 경상도 선산의 구미산 자락에서 제자들을 가르치던 길재가 죽자 1421년(세종 3년)에 유방택의 아들 백순이 길재를 추가로 모신 뒤 세 사람의 호를 따 '삼은각'이라 하였다.

삼은각도 무신의 난을 피해갈 수는 없었다. 1728년(영조 4년) 신천영 등이 초혼각과 동학사를 방화하면서 삼은각도 불탔다. 1830년(순조 30년)에야 동학서원이 세워지면서 삼상(三相), 육신(六臣), 계림백(鷄林伯)과 함께 삼은(三隱)을 제향하였다. 1916년 불에 타버린 삼은각 1칸이 재건되었고, 1924년에는 삼은각에 고려 후기의 학자 도은 이숭인과 죽헌 나계종 등을 추배하여 6위의 위패를 모시게 되면서 현재에 이르고 있다.

숙모전 일원을 답사한 뒤 계룡산을 넘어 갑사 계곡까지 가보기로 한다. 동학사에서 오뉘탑(남매탑)으로 가려면 극락교로 가기 전 오른쪽으로 난 가파른 계단을 올라야 한다. '높은 곳에 오르려면 반드시 낮은 데에서부터 시작할 수밖에 없다'는 《논어》의 한 구절을 떠올리며 걷는 산길에는 넓적한 돌들이 깔려 있고, 나무숲은 울창하다.

계곡의 물소리를 벗 삼아 오르다가 그 물소리마저 들리지 않는 산길을 더 가면 나뭇잎 사이를 헤집고 내려앉은 여름 햇살이 형형색색의 모자이크처럼 바윗돌 사이를 어지럽히고 곧이어 작은 폭포가 나타난다. 폭포에서부터 30분쯤 오르자 널

찍한 터에 남매탑이 보인다. 청량사 터에 세워진 두 개의 탑 중 7층탑을 오래비탑, 5층탑을 누이탑이라고 부른다. 5층석탑은 백제의 양식으로 보이고 7층석탑은 그보다 훨씬 뒤의 것으로 추정된다.

상원암 약수에서 물 한 바가지를 받아 마신 뒤 가파른 산 길을 한참 올라가면 삼불봉 고개에 닿는다. 삼불고개부터는 내 리막길이다. 고향집 찾아가는 고갯길 같은 길을 400여 미터쯤 내려가면 금잔디고개에 닿는다. 다시 길을 나서서 우거진 나 무 숲길을 걸어 신흥암에 닿았다. 신흥암은 중창불사가 한창 이었으며 그 뒤에 천진보탑이 서 있다. 석가모니가 입적한 400 년 만에 중인도의 아육왕이 구시나국에 있는 사리모탑에서 부 처의 사리를 발견하여 서방 세계에 분포할 때 비사문천왕을 보

청량사 터에 세워진 남매탑
은 7층탑을 오래비탑, 5층탑
을 누이탑이라고 부른다.

내 계룡산에 있는 이 천연 석탑 속에 봉안해 두었다고 한다. 이 석탑을 백제 구이신왕 때 발견하여 천진보탑이라고 하였다. 그 뒤편에 솟아 있는 수정같이 고운 수정봉은 갑사구곡의 하나다.

개울물 소리를 벗 삼아 미륵골을 20여 분 내려왔을까. 용문 폭포가 나타났다. 연천봉 북서쪽 골짜기의 물이 합해져 이곳으로 흘러 폭포를 이루었는데 높이가 10여 미터쯤 되는 용문폭포는 장마철이라서 그 물줄기가 장대하다. 폭포 옆에는 큰 바위 굴이 있고 그 속에서 떨어지는 감로수가 등산객의 갈증을 풀어 주기도 한다.

조선 후기에 세워진 공주 첫 성당

중동성당

천주교가 우리나라에 들어온 뒤 나라 곳곳에 아름다운 성당이 많이 만들어졌다. 그 중 조선 후기인 1897년 5월 8일 설립된 중동성당은 공주 지역에서 처음 설립된 천주교 성당이다. 초대 신부로 프랑스 선교사 기낭이 부임하면서 현재의 성당 위치에 매입하여 개조한 기와집과 초가집을 성당 및 사제관으로 사용했는데, 그 당시에는 지금의 공주와 천안, 그리고 부여와 논산·서천 지역을 관장하는 주요 거점성당이었다.

1921년 최종철(마르코) 신부가 제5대 주임으로 부임하고 1936년 새 성당 건립을 계획하였다. 중국인 기술자들을 데려다가 직접 벽돌을 구워 1년여 만인 1937년 5월 12일 현재의 성당을 완공, 성모마리아 대축일*을 주보(主保)**로 하여 축성식을 거행하였다. 그때 사제관과 수녀원 등을 함께 지었다. 최 신부

●   1월 1일.
●●   성당의 수호성인.

114

가 직접 설계한 중동성당은 정면 중앙에 종탑을 갖춘 벽돌 조
의 고딕식 건물로, 외관상의 형태는 라틴 십자형이다. 현관 출
입구와 창의 윗부분은 뾰족한 아치로 장식되어 있다. 내부 공
간은 삼랑식으로, 7개의 회중석 베이와 정면 좌우의 제의실로
구성되어 있으며, 신랑*과 측랑**의 경계부는 8각 석조의 열주
가 반원 아치를 이루고 있다. 중앙에 긴 의자를 놓고 양옆에 복
도를 두었다. 중앙의 넓은 공간과 복도 사이에 돌기둥이 6개 있
는데, 단면이 6각형으로 되어 있다.

1981년 9월 '천사의 집'이라는 이름의 강당을 새로 지었고,
1989년에는 새로운 사제관과 수녀원을 완공하였다. 1997년 중
동성당 설립 100주년을 기념하여 성당 건물을 대대적으로 보
수하였다. 1998년 7월 25일 충청남도기념물 제142호로 지정되
었고, 현재 대전교구천주교회 소유이며 중동성당이 관리하고
있다.

그러므로 야훼께서 말씀하시되, 좋은 길이 어디인지, 오래전
옛날에 너희가 늘 걷던 경건한 길이 어디인지 물어보고 그 길
을 가라. 그러면 너희 영혼이 평안을 얻으리라.

성당의 이곳저곳을 어정거리다 보면 문득 《에레미아서》

* 좌우 측랑 사이에 놓여진 중심공간으로, 신자석으로 이용된다.
** 측면에 줄지어 늘어선 기둥의 밖에 있는 복도.

6장 16절이 생각나는, 고즈넉하고 아름다운 성당이 공주의 중
동성당이다. 성당 가까운 곳에 충청남도교육박물관이 있어 함
께 답사하기 좋다. 박물관으로 가는 길에 사제관과 성모마리아
상이 있고, 최종철 신부의 묘소도 근처에 있다.

중동성당

역사상 가장 많은 순교자가 나온
황새바위 성지

우리나라에 천주교에 대한 책을 처음 들여온 사람은 누구일까? 공주 목사를 지냈던 허균이 명나라에 사신으로 갔다가 돌아오며 처음 가지고 왔다고도 하고, 《지봉유설》을 지은 이수광이 처음 들여왔다고도 한다.

유학자들이 자생적으로 천주학을 공부하다가 1784년 이승훈이 중국에서 베드로라는 이름으로 세례를 받고 수많은 교리서와 성서를 가지고 들어온 뒤 정약용 형수의 동생이었던 이벽이 입교하였다. 천진암과 주어사지에서 강학회를 열며 시작된 천주교가 된서리를 맞은 것은 1785년(을사년) 이른 봄이었다. 이벽의 주재로 명례방(지금의 명동성당 자리)의 김범우(역관과 의원을 겸업한 중인) 집에 수십 명이 모여 '설법교회'를 열었다. 그때 형조에서 그 집회 현장을 덮쳤다. 정약용과 그 형들인 약전·약종, 이승훈·권일신 등 한국천주교회 창립의 핵심 멤버들이 집회에 참석했다가 붙잡히게 되는데 그때의 사건을 '을사추

조 적발사건'이라고 부른다.

김범우는 당시 독하게 매를 맞고 밀양으로 귀양 가서 죽음으로서 한국 천주교 순교자 제1호가 되었다. 형조에서는 이벽·이승훈·권일신·정약용 등 명문 양반 출신들에 대해 공권력을 행사하지 않았지만 문중에서의 추궁은 거세었다. 그 중 문중으로부터 가장 혹독하게 질타를 받은 사람은 이벽이었다. 식음을 전폐한 이벽은 15일간 자신의 방 안에서 기도와 명상을 하다가 탈진해 죽었다. 그 뒤 진산사건이 일어났다. 다산 정약용의 외사촌이었던 윤지충이 전라도 진산(지금의 금산)에서 모친의 신주를 불사르고 제사를 모시지 않았다가 전라감영에 붙잡혀간 것은 1791년(정조 15년)의 일이었다. 진산사건 또는 신해박해라고 불리는 이 사건으로 윤지충이 전주에서 효수되고, 권일신이 모진 고문을 받은 후 병사했다.

정조가 승하하고 순조가 임금에 오른 1801년 대비 김씨는 천주교 탄압을 위한 사학금령을 선포하였다. 300여 명이 죽어간 신유사옥이 일어난 것이다.

사람이 사람 노릇을 할 수 있음은 인륜이 있기 때문이요, 나라가 나라일 수 있음은 교화가 있기 때문이다. 오늘날 사학이라고 말해지는 것은 아비도 없고 임금도 없어 인륜을 파괴하고 교화에 배치되어 저절로 짐승이나 이적(오랑캐)에 돌아가 버린다. 엄하게 금지한 이후에도 개전의 정이 없는 무리들은 마땅히 역률에 의거하여 처리하고, 각 지방의 수령들은 5가작통(五家作統)의 법률을 밝혀 그 통 안에 만약 사학의 무리가 있다면 통장은 관에 고하여 처벌하도록 하는데 마땅히 코를 베어 죽여서 종자도 남지 않도록 해라.

1801년 1월 19일 정약용의 셋째 형 정약종이 교시서 · 성구 그리고 신부와 교환했던 서찰 등을 담은 책롱을 안전한 곳으로 운반하려다가 한성부의 포교에 의해 압수당하는 사건이 일어났다. 2월 9일 이가환(전 공조판서) · 이승훈(전 천안 현감) · 정약용(전 승지)을 국문하라는 사헌부의 대계(요즘의 공소장)가 올라간다. 결국 2월 16일, 이승훈, 정약종, 최필공, 홍교만, 홍낙민, 최창현 등 천주교의 주축들은 서소문 밖에서 목이 잘려 죽었고, 이가환, 권철신은 고문을 못 이겨 옥사하고 말았다.

천주교 탄압은 1794년 조선이라는 나라에 최초로 들어온 주문모 신부가 지금의 새남터에서 처형된 뒤 본격적으로 시작되었다. 1791년부터 나라 곳곳에 숨어 신앙생활을 했던 천주교인들이 신유년(1801)과 기해년(1839), 병오년(1846), 병인년(1866)의 4대 박해로 무수히 순교했다. 공주 지역에서는 신유박해 때 이존창, 이국승 등 16명, 기해박해 때 김베드로, 전베드로 등, 병인박해 때 302명이 처형되었다.

그 많은 순교자의 처형장소가 황새바위와 향옥, 그리고 장깃대 나루 부근이었다. 그곳에 충청감영이 있었기 때문이다.

공주시 왕릉로에 있는 황새바위 성지는 우리나라 역사상 가장 많은 순교자를 배출한 곳이다. 황새바위라는 이름은 바위 위로 소나무가 늘어져 황새가 많이 서식하는 곳이라 하여 붙여진 명칭인데, 또 다른 이야기로는 죄인들이 항쇄(목에 씌우는 칼)를 차고 바위 앞에 끌려가 처형되었다 하여 '항쇄바위'라고도 부른다. 이곳에서 처형당한 사람이 337명인데, 교수형이 276명, 공개처형인 참수형이 49명이고, 그 외 사람들은 고문치사와 아사였다. 황새바위에서 공개로 처형할 때는 그 맞은편에 있는 공산성까지 사람들이 올라가 지켜보았고, 효수한 머리는 나무 위에 오랫동안 매달아 놓고 본보기로 삼았으며, 시신은 들판에 버려 두었다고 한다.

1911년 4월 공주를 나흘간 방문했던 베네딕토회 신부인 노르베르트 베버는 《조용한 아침의 나라에서》라는 책에 황새바위 일대를 다음과 같이 기술했다.

내를 따라 몇백 미터쯤 내려가면 좁은 평지에 성긴 숲이 나타난다. 이곳이 형장이다. 순교자들의 피가 도적들의 피와 섞여 마른 모래를 적셨다. 목 잘린 시신들이 묻히지도 못하고 뒹굴었다. 장마에 냇물이 불어나면 시신들은 물살에 떠밀려 모래톱에 파묻히거나 가까운 금강까지 떠내려갔다. 숱한 시신이 가까운 언덕에 매장되어 무덤이 온 언덕을 뒤덮었다.

그 한맺힌 순교지를 성지로 조성하는 사업이 추진된 것은 1981년이었고, 그해 12월 공주 중동본당이 대전교구의 후원을 받아 부지를 매입하였다. 1984년 3월에는 황새바위성역화사업 추진위원회가 결성되었다. 2008년 1월 독립성지가 되었으며, 7월에는 해미성지와 성거산성지, 여사울성지·신리성지 등과 함께 충청남도기념물 제178호로 지정되었다.

황새바위 성지는 몽마르뜨 광장을 비롯한 3개의 광장과 십자가의 길을 비롯한 5개의 순례자의 길로 조성되어 있다. 예수의 상을 중심으로 한 성지 입구를 칭하는 몽마르뜨 광장은 언덕이라는 '몽', 순교라는 '마르뜨'의 의미를 지니고 있다. 공주 감영에 수감되었다가 순교한 손자선 토마스를 비롯한 공주 지역 순교자들을 소개하고 있다.

겸손한 마음으로 고개를 숙여야 들어갈 수 있는 석문을 지나면 순교자 광장이 나타나고, 그 반대편에는 무덤경당이라고 부르는 예수님을 장사지낸 무덤을 형상화한 기도처가 보인다. 순교자 광장을 나와 빛의 길이라는 순례자의 길을 따라가면 작은 부활광장에 이른다. 부활광장에는 열두 명의 사도를 상징하는 12개의 큰 바위가 세워져 있고, 돌 뒷면에는 황새바위에서 순교한 337명의 이름이 새겨져 있다.

공주 시내가 한눈에 내려다보이는 이곳에 서면 제민천의 모래벌에서 신앙을 위해 순교한 그 당시 천주교인들의 모습이 눈에 선하게 떠오른다.

근현대사를 지켜본 파수꾼
공주기독교박물관

공주 제일교회는 공주시 봉황동에 있는 기독교대한감리
회 소속 교회로 공주 지역에서 제일 처음 세워진 감리교회다.
1903년 의사이자 미국 북감리교 선교사인 맥길이 이용주 전도
사의 도움을 받아 설립했다. 앵산공원(현 3·1중앙공원) 서쪽 부
근에 초가 두 채를 구입하여 한 채는 예배당으로 사용하고 다
른 한 채는 교육관 및 치료실로 사용한 이 교회의 최초 신자들
은 김상문, 유월나, 배리백가, 백정운 부부 등 5명이었다.

2년 뒤인 1905년 맥길이 미국으로 돌아가자 선교사 샤프와
그의 부인 사애리시가 부임해 공주에 최초의 서양식 건물을 짓
고 선교를 시작하였다. 사애리시는 명설학교를 설립하여 여학
생들을 가르쳤고, 1906년 우리암 선교사가 영명고등학교의 전
신인 영명학교를 설립하였다.

1919년 이후부터는 외국인 선교사가 아닌 한국인 목사들
이 근무하면서 유치원과 병원을 경영하였다. 평양 남산현 교회

에서 독립운동을 주도한 뒤 옥고를 치룬 김찬홍 목사가 1929
년 부임한 뒤 1931년 교회 건물을 새로 건축했다. 19세기 말
한국 초기 교회 형식을 띠고 있는 소중한 건축이었지만 한국
전쟁 당시 상당 부분 파손되었다. 다행히 보수할 때 벽체와 굴
뚝 등을 그대로 보존한 덕분에 당시의 흔적들이 잘 남아 있다.
2011년 6월 20일 등록문화재 제472호로 지정되었다.

공주 최초의 교회로 학교, 병원, 유치원 등을 운영하며 공주
지역의 근현대사를 지켜본 파수꾼인 제일교회를 개조해 만든
것이 공주기독교박물관이다. 근대문화유산인 박물관 전면에는
우리나라 스테인드글라스의 초기 개척자인 이남규의 작품으로
기독교의 삼위일체를 형상화해 놓았다. 성부 창조주 하나님은
빛이고, 성자는 종려나무, 성령은 비둘기와 빨간 성령의 불로
상징화했다. 건립자 김찬홍 목사의 흉상과 교회의 초기 생활상
을 한눈에 볼 수 있는 조형물, 교회와 역사를 함께 한 종 등도
만날 수 있다. 일제강점기인 1941년 조선총독부는 이 교회의
예배당을 폐쇄한 뒤 청동으로 만든 종을 징발해갔고, 지금의
종은 정희병이라는 교인이 쌀 다섯 가마를 봉혼하여 새로 만든
것이다.

제일교회 출신 독립운동가로는 민족대표 33인으로 독립선
언서에 서명한 신홍식 목사가 있다. 1872년 3월 충청북도 청주
에서 태어난 그는 서른 살의 나이에 기독교에 입교, 1913년 협
성신학교를 졸업하고 감리교 목사로 공주에서 포교활동을 시

작했다. 1916년 공주제일교회 8대 담임목사로 부임해 충청도의 초기 교회 형성에 기여했고, 1917년 평양남산현교회의 전임으로 갔다. 1919년 2월 동지규합을 위해 평양에 온 이승훈으로부터 3·1독립만세운동 계획을 듣고 동참하기 위해 서울로 합류했고, 목사로는 첫 번째로 33인에 참여했다. 3·1운동으로 일본 경찰에 자진 체포되어 2년간의 옥고를 치르고 나와 남북감리교의 통합을 위해 1930년 기독교조선감리회를 탄생시켰으나 이후 건강악화로 낙향한 뒤 사망했다.

3·1독립만세운동의 상징적 인물인 유관순 열사도 제일교회와 인연이 있다. 천안시 병천면의 기독교 집안에서 태어나고 자란 유관순이 13세 되던 해 샤프 선교사의 부인 사애리시 여사가 천안으로 찾아와 유관순에게 제안했다.

"네가 공부하기를 원한다면 경성의 이화학당에 주선해줄 테니 먼저 공주의 영명여학교에서 교육을 받아보면 어떻겠느냐?"

그 다음날 공주에 온 유관순은 영명여학교 보통과 2년을 수료하고 이화학당 보통과 3학년으로 편입하기 위해 상경했다. 보통과를 마치고 1918년 이화여고보 고등과에 진학, 1919년이면 2학년이 될 예정이었는데, 3월 1일에 독립만세운동이 일어났다. 4월 1일 고향인 아우내장터에서 시위를 주동하다 체포된 그는 오랜 재판 끝에 1920년 9월 28일 서대문형무소에서 꽃다운 나이로 순국했다.

"제 나라 독립을 위해 만세를 부르는 것이 왜 죄가 되느냐. 죄가 있다면 불법으로 남의 나라를 빼앗은 일본에게 있는 것이 아니냐"라며 호기 있게 부르짖던 유관순의 자취가 남은 곳이 영명여학교다.

교회 건물이 국가등록문화재인 박물관으로 지정된 뒤 제일 교회는 그 옆에 새로운 예배당을 지어 사용하고 있다.

공주 제일교회 외벽의 십자가.

연미산 자락에서 펼쳐지는
금강자연미술비엔날레

연미산 자락, 곰나루 건너편의 산기슭에 가면 이색적인 예술작품들을 만날 수 있는 공간이 펼쳐진다. 바로 연미산자연미술공원과 금강자연미술센터다. 공주시와 한국자연미술가협회 야투(野投)가 주관하여 특성화된 자연미술공원으로 개발한 이곳은 세파에 찌든 마음을 내려놓고 자연과 하나되는 경이를 느낄 수 있는, 공주 시민들의 문화적 쉼터다.

야투가 금강과 곰나루국민관광단지를 연계해 금강국제자연미술전을 처음 개최한 것은 1991년의 일이다. 독일과 일본 작가들을 초대한 이 미술전은 1992년 독일 슈베르그의 자연과 미술 심포지엄으로 이어졌고, 1994년 일본의 사무가와 야외미술전, 1995년 다시 공주로 이어지면서 1998년 연례적인 국제전시로 안착했다. 2001년까지 총 6회의 전시를 끝낸 야투는 2002년부터 비엔날레 준비에 들어가 2003년 프레비엔날레를 열고, 2004년 제1회 금강자연미술비엔날레를 개최하였다. 자연미술의 국제교류를 활성화하고 공주를 국제적인 문화예술도시로 부각시키기 위해 기획한 비엔날레에는 15개국이 참여했고, 국내 작가 32명과 해외 작가 30명의 작품을 선보였다. 대도시와 중앙집중적인 미술 관행을 탈피해 특성화된 지역의 자생적 미술을 국제화하기 위한 포석을 깔았다는 평을 받았다.

금강자연미술비엔날레는 2년마다 열리는 정기 비엔날레와 전 해에 예비행사로 열리는 프레비엔날레로 나뉘어 진행된다. 비엔날레의 주무대인 연미산자연미술공원에는 9만9000제곱미터 면적에 국내 작가 작품 20점과 외국 작가 작품 17점을 상설 전시하고 있다. 입구에 들어서면 주제별 전시장이 있고, 자연스럽게 산길을 따라 조성된 설치예술품들이 눈길을 사로잡는다. 먼 곳을 응시하는 빈센트 반고흐, 대나무로 만든 곰, 나뭇가지로 만든 새, 사람들의 승선을 기다리는 노아의 방주, 뱃사람과 사랑을 나누었던 곰의 굴 등 자연과 공주의 역사가 스토리를 만들어낸다. 시인 페르난도 페수아의 글이 떠오르는 현장이다.

어떤 의미에서 예술이 주는 쾌락은 우리 것이 아니기에, 그걸 누렸다고 해서 대가를 치를 필요도 없고, 후회할 까닭도 없다. 예술이란 우리 것이 아니면서 우리를 행복하게 하는 모든 것, 즉 지나간 일들의 자취, 누군가에게 건넨 미소, 노을, 시, 객관적 우주를 의미한다.

공주풀꽃문학관에서 만나요

봉황동 도시재생사업

'보셔요 / 우물터에 앉아 겨울 내복을 헹구는 / 누이의 눈을(중략) / 누이 눈 속의 종달새 한 마리를⋯.' 나태주 시인의 〈삼월의 새〉를 두고 박목월 시인은 다음과 같이 평했다.

이 작품의 밑바닥에 깔려 있는 차갑도록 청초한 서정성은 창자의 그것과 통하는 것이며, 그의 완숙하리만큼 세련된 기교는 숙달된 도공과 그가 빚은 항아리의 유연한 선을 연상시키는 것이다.

1945년 충남 서천에서 출생한 나태주 시인은 공주사범학교를 졸업하고 교직에 근무하며 1971년 서울신문 신춘문예에 당선되었다. 1973년 현대시학사에서 《대숲 아래서》라는 시집을 펴낸 시인은 어느 날 문득 별이 되어 사람들에게 다가왔다. '자세히 보아야 예쁘다 / 오래 보아야 사랑스럽다' 짧으면서도 많은 의미를 함축한 시 한 편으로 국민시인이 되었고, 공주에 아담한 공주풀꽃문학관이 들어섰다.

풀꽃문학관이 들어선 봉황동은 봉산골, 봉촌, 상반정으로 불리던 오래된 주택가다. 충청감영이 있던 곳으로 약령시장이 섰던 약령거리, 다섯 갈래로 길이 나뉘던 오거리, 공주감영의 장대가 있던 장대거리, 군대를 훈련시키던 장대마당 등 불리는 이름도 다양했다. 하지만 1920~1950년대 공주고와 공주여고, 공주교육대(공주교대), 공주대학교 사범대학 부설고(공주사대부고) 등이 자리잡자 1970년대에는 충청과 전라도 일대에서 공주로 유학 오는 학생들을 대상으로 한 하숙집이 많아졌다.

세월의 흐름 속에 학교마다 기숙사가 생기며 하숙문화가 침체하자 사람들이 떠나기 시작했고, 2014년부터 공주시에서 구도심 활성화를 위한 도시재생사업인 역사문화보존사업을 시작했다. 2018년에는 봉황동 큰샘마을 일원과 역사유적인 대통사지 일대를 중심으로 공주시 도시재생지원센터가 지원하는 여러 재생사업을 펼쳤다.

이 지역 일대를 흐르는 작은 하천인 제민천은 금학동 남쪽 지막골에서 발원해 금강으로 들어가는데, 이 천을 가꾸고 일제강점기 가옥을 새롭게 정비해 나태주 시인의 작품을 전시하는 풀꽃문학관을 만들었다. 제일교회 건물을 개조한 공주기독교박물관도 이곳에 세워진 것이다. 또한 '공주 하숙마을 테마거리'를 조성, 하숙집이 많았던 옛 시절로 추억여행을 떠날 수 있도록 했다. 공주역사영상관, 효심공원, 충청남도역사박물관, 공주 반죽동 당간지주 등이 인접해 있어 역사여행으로 이어가기에도 좋은 공간이 되었다.

공주시의 이런 노력에도 불구하고 도심이 침체를 거듭하자 주민들이 나섰다. 공주의 문화유산을 답사하기 위해 찾아오는 관광객들과 마을 주민이 상생할 수 있는 방법을 모색했고, 1960년대 지어진 한옥을 사들여 리모델링한 뒤 게스트하우스(공유숙박업)로 변모시켜, '공주 하숙마을'이라는 이름의 커뮤니티 호텔로 재창조했다. 지역 민박과 식당, 카페와 사진관, 마을 도서관과 갤러리 등이 연대해 마을이 마치 호텔처럼 관광객에게 여러 서비스를 제공하기 시작했다. 민박집은 호텔 객실, 이웃 식당은 호텔 레스토랑, 이웃 카페는 호텔 커피숍이 되는 순환호텔을 조성해 도시재생의 모델이 되었다.

계룡산도자예술촌과 함께 둘러보는
상신리 돌담마을

요즘 아이들에게 재미있는 놀이 1순위는 컴퓨터게임일 것이다. 그러나 필자의 어린 시절에는 집 주변의 동식물들이 하나의 장난감이었다. 우리 집은 길가에 있었지만 모정 바로 앞에 위치해 마을의 첫 집이나 다름없었다. 어느 때 쌓았는지 짐작할 길이 없는 우리 집 돌담을 바라보면 신기하기 이를 데 없었다. 크기도 재질도 다른 돌들이 이상하게 맞물려 무너지지도 기우뚱거리지도 않으며 오랜 세월을 버티고 있는 것이 신기하기만 했다. 그런 담벼락의 돌 틈으로는 집쥐에서부터 별의별 생물들이 드나들곤 했는데, 그 중 압권은 누런 황구렁이였다.

어느 땐 아무도 모르게 허물만 벗어놓고 사라져 사람들이 '금세 구렁이가 지나갔구나' 짐작만 할 뿐이었다. 그런데, 하필이면 아이들이 놀고 있는 시간에 어디서 나왔는지 알 길이 없는 구렁이가 돌담 속으로 들어가다 들키곤 했다. 이런 저런 놀이에도 지친 아이들에게 느닷없이 등장한 구렁이는 전혀 색다른 놀이기구와 다름없었다. 아이들 너댓 명이 구렁이의 몸통을 붙잡고 구렁이는 들어가기 위해 버둥거리며 서로 이기기 위한 긴 싸움에 돌입한다. 무서움이나 징그러움도 아랑곳하지 않고 구렁이를 끌어내기 위해 낑낑거리는 아이들을 바라보며 지나가던 어른들이 한마디씩 한다. "얘들아, 구렁이는 돌담으로 들어가면 등에 난 비늘을 세우기 때문에 잘 빠지지 않는 거란다."

어린 날의 추억을 불러내는 곳이 공주시 반포면의 상신리 돌담마을이다. 신소골 동쪽에 있다 하여 상신소 또는 상신이라 불리는 이 마을은 땅을 파면 돌만 나온다고 할 정도로 돌이 많은 지역이다. 사람 키보다 높은 담장과 나지막하게 쌓은 돌담이 자연스럽게 어우러져 정겹고 아름답다. 걷다 보면 담벽에 물고기와 꽃들이 무질서하게 그려져 있기도 하고, 제법 조화를 이루는 벽화도 보인다. 어슬렁거리며 지나가는 고양이들이 마을 주인 같은 여유로운 풍경이다.

상신리 마을은 한국 도자사(陶瓷史)에서 중요한 위치를 점하고 있는 곳이다. 조선 초~중기 오직 이곳에서만 생산된 계룡산 철화분청사기의 가마터(사적 제333호)가 있기 때문이다. 그 전통을 이어가기 위해 대학에서 도예를 전공한 사람들이 힘과 뜻을 모아 이곳에 계룡산도자예술촌을 조성했고, 1993년 5월부터 입주자가 도자기를 생산하기 시작해 현재 12명의 도예가가 모여 작품활동을 하고 있다. 우리나라 최초의 도예촌인 계

계룡산 아래 자리 잡은 상신리
마을의 전경

룡산도자예술촌은 도자기 캠프를 운영하며 철화분청사기의 전
승복원에 힘쓰고 있다.

　계룡산 자락에서 도자기를 굽다 1579년 정유재란 때 왜군
에게 사로잡혀 일본으로 끌려간 이삼평은 공주 출신 사기장으
로 기억할 인물이다. 일본 규슈 사가현 아리타에서 도조(陶祖)*
로 추앙받는 그는 아리타자기를 세계적인 명품의 반열에 올려
놓았다. 1990년 10월 아리타 주민의 성금으로 세운 '일본 자기
시조 이삼평공 기념비'가 반포면의 박정자 조각공원에 건립되

●　일본 최초의 백자기를 생산해 '도자기의 시조'로 추앙받았다. 임진왜란 시절 일본에
　　부역했다가 도주한 인물이라는 추정도 있다.

었고, 2016년에는 학봉리에 이삼평 공원을 조성해 기념비를 이전했다.

봄이면 고개 숙인 할미꽃들이 무리지어 피어나는 상신마을과 하신마을 중간에 큰 소가 있다. 전해오는 이야기에 의하면 옛날 옛적 이곳이 바다였고, 가운데 솟은 봉우리에서 선녀가 낚시를 하고 있었다. 그 선녀를 눈여겨본 임금이 억지로 궁궐로 데려갔더니 옥황상제가 노하여 선녀를 용으로 변하게 했다. 선녀를 못 잊은 임금이 선녀가 앉았던 자리에서 매일 낚시를 하니 용이 고기를 몰아주어 많이 잡게 했다고 한다.

나를 닮은 장승과 함께 즐기는
장승마을 빛축제

장승은 한국의 마을이나 절 입구 또는 길가에 세운 사람 머리 모양의 기둥으로 돌로 만든 석장승과 나무로 만든 목장승이 있다. 명칭도 여러 가지다. 조선 시대에는 한자로 '후(堠)' 또는 '장생(長栍)', '장승(長丞, 張丞, 長承)' 혹은 '벅수'라고 불렀다. 장승은 지역 간 경계표나 이정표 역할을 했고, 마을의 수호신이 되기도 했다. 길가나 마을 경계에 있는 장승에는 그것을 기점으로 한 사방의 주요 고을 및 거리를 표시하였는데, 수호신으로 세운 장승에는 이정표 표시를 하지 않았다.

공주시 사곡면 장승마을테마파크는 천하대장군과 천하여장군이 떠받들고 있는 장승마을을 지나며 시작된다. 우리 속담에 '못난 놈들은 못난 놈 얼굴만 봐도 즐겁다'라는 말이 있는데, 이곳 장승마을에서는 각양각색의 친근하고도 기괴한 장승들을 만나는 즐거움을 누릴 수 있다.

사라져가는 장승을 테마로 조성된 이곳은 아름다운 자연

과 다양한 돌조각이 함께 조화를 이룬 8000여 평의 감성 테마파크다. 200여 점의 진귀한 조각품을 비롯해 유리성과 도자기, 돔 형태의 펜션과 이국의 향취를 물씬 풍기는 미국식 카라반이 어우러져 멋진 풍경을 연출한다. 장승마을 중앙에 서 있는 커다란 석등은 일반적인 불교 가람 배치 양식을 따르지 않고 자연 상태 그대로의 바위를 하나하나 무게 중심에 맞추어 쌓아 올렸는데, 그 높이가 무려 14미터에 무게가 280톤이나 된다. 현존하는 석등 중 세계 최고로 알려져 기네스북에 등재되었다고 한다. 한쪽에는 19세 이상 성인만 출입할 수 있는 성 관련 조각품도 모여 있다.

장승마을테마파크의 백미라 할 수 있는 빛축제는 수백만 개의 전구에서 발산되는 색색의 조명이 환상적인 밤풍경을 연출하는 시간이다. 600여 그루의 나무가 저마다 다른 색의 옷을 입고, 빛으로 살아난 조각들이 움직이듯 관람객과 어울린다. 밤하늘에서 수백만 개의 별이라도 쏟아지면 그야말로 장관이다. 겨울 시즌에만 오픈되는 다른 지역 빛축제와 달리 1년 내내 빛의 향연이 이어지는 것도 이곳만의 매력이다.

각양각색의 장승들 사이를 거닐다 보면 그 속에 혹시 나를 닮았거나 현재 나의 마음을 표현한 것이 있는지 두리번거리게 되고, 축제가 끝날 때쯤이면 여태껏 보이지 않던 자신의 내면이 장승의 웃음 속에서 보이기도 한다. 그 안에서는 누구나 장승이 되는 특별한 체험이라고 할 수 있다.

낙화암에 올라
백마강을 바라보다

어디를 걷든 역사의 유적 위

백제의 마지막 수도

고대 로마의 정치가이자 철학자인 키케로는 말했다. "장소가 회상시키는 힘은 그렇게도 크다. 그리고 이 도시에서의 그힘은 무한히 크다. 어디를 걷든지 역사의 유적 위에 발을 디디는 것이다."

그 말이 가장 합당한 도시가 백제의 세 번째 수도였던 부여다. 부여의 옛 이름은 '소부리' 또는 '사비'였다. 사비는 '새벽'이란 단어의 토박이말이고, 부여라는 이름 역시 '날이 부우옇게 밝았다'는 말에서 유래된 단어를 한자로 표기하면서 지금의 이름으로 변한 것이다. 새벽의 땅이자 아침의 땅인 부여. 그러나 그 조용했던 아침의 평온은 나당 연합군의 침략으로 산산이 깨어졌다.

백제가 도읍을 위례성에서 공주로 옮긴 것은 475년이었다. 고구려는 백제의 서울인 위례성을 침범하여 개로왕을 붙잡아 목을 베어 죽였다. 백제는 금강 너머 계룡산을 근처에 둔 웅진에 도읍을 정하였으나, 웅진으로 도읍을 옮긴 뒤 얼마 지나지 않아 문주왕은 권신 해구에게 죽임을 당하고 삼근왕은 3년 만에 죽고 말았다. 동성왕 때 전성기를 맞았다가 육십여 년이 지난 후 538년(성왕 16년)에 마지막으로 도읍지를 옮긴 곳이 사비성, 곧 부여다. 백제가 도읍을 옮기게 된 이유는 여러 가지가 있지만 부여 일대가 금강 유역에서 교역로로 가장 적합했기 때문이다.《택리지》에 실린 공주와 부여 부근의 금강 일대에 대한 글을 보면 상황을 추정할 수 있다.

공주 동쪽은 강물이 얕고 여울이 많아서 강의 배가 통하지 못한다. 그러나 부여, 은진부터는 바다의 조수와 통하게 되므로 백마강 이하 진강 일대까지는 모두 배가 통할 수 있는 이점이 있다.

123년에 걸쳐 백제의 흥망성쇠를 지켜본 부여가 신라와 당나라의 연합군에게 망한 것이 31대 의자왕, 660년 7월이었다. 백제가 멸망하기 전 고려 때《삼국사기》를 쓴 김부식은 그 당시 백제의 왕도 부여에 떠돌아 다녔던 말들을 이렇게 적고 있다.

19년 봄 2월에 여우떼가 궁중에 들어왔는데 흰여우 한 마리가 상좌평의 책상에 올라앉았다. 여름 4월에 태장궁에 암탉이 참새와 교미하였다. 장수를 보내어 신라의 독산, 동잠 두 성을 침공하였다. 5월에 서울 서남쪽 사비하에 큰 고기가 나와 죽었는데 길이가 세발이었다. 가을 8월에 웬 여자 시체가 생초진에 떠내려왔는데 길이가 18척이었다. 9월에 대궐 뜰에 있는 홰나무가 사람의 곡성과 같이 울었으며 밤에는 대궐 남쪽 행길에 귀곡성이 있었다.

20년 봄에 서울의 우물물이 '피' 빛으로 되었다. 서해가에 조그마한 물고기들이 나와 죽었는데 백성들이 다 먹을 수 없이 많았다. 사비하의 물이 피 빛과 같이 붉었다. 여름 4월에 왕머구리 수만 마리가 나무 꼭대기에 모였다. 성안에 사람들이 까닭도 없이 누가 잡으려 하는 듯이 달아나다가 쓰러져 죽은 자가 백여 명이나 되고 재물을 잃어버린 것은 계산할 수도 없었다. 5월에 갑자기 바람이 불고 비가 내리면서 천와, 도양 두절의 탑에 벼락을 쳤으며 또 백석사 강당에 벼락을 치고 동쪽, 서쪽에는 용과 같은 검은 구름이 공중에서 서로 부딪쳤다.

서울에 있는 뭇개가 노상에 모여서 혹은 짖고 혹은 곡을 하더니 얼마 후에 곧 흩어졌다. 웬 귀신이 대궐 안에 들어와서 "백제가 망한다, 백제가 망한다"고 크게 외치다가 곧 땅속으로 들어가니 왕이 이상하게 생각하여 사람들을 시켜 땅을 파게 하였더니 석 자 가량 되는 깊이에서 거북 한 마리가 발견되었는데 그 등에 '백제는 달과 같이 둥글고 신라는 달과 같이 새롭다'는 주문자가 있었다. 왕이 무당에게 물으니 무당이 말하기를 "달과 같이 둥글다는 것은 가득 찬 것이니 가득 차면 기울며, 달과 같이 새롭다는 것은 가득 차지 못한 것이니 가득 차지 못하면 점점 차게 된다" 하자 왕이 성을 내어 그를 죽여 버렸다. 어떤 자가 말하기를 "달과 같이 둥글다는 것은 왕성하다는 것이요. 달과 같이 새롭다는 것은 미약한 것이니 생각하건대 우리나라는 왕성하여지고 신라는 차츰 쇠약하여 간다는 것인가 합니다" 하니 왕이 기뻐하였다.

신라의 김춘추와 김유신, 그리고 이역 땅 당나라가 자국의 이익에 따라 손을 잡고 백제 침략에 나섰다. 당나라 장수 소정방이 이끄는 13만 수륙, 백제 원정군이 산동반도를 출발하여 인천 앞바다에 있는 덕물도에 정박하였다. 동시에 김유신이 거느린 신라군은 5만여 명이 백제의 동쪽으로 진격해 왔다. 금강 하구 기벌포를 거쳐 사비성으로 진격해온 당나라 군사는 결사 항전하는 백제군을 무찔렀고, 신라군은 황산전투에서 계백장군이 거느린 5000 결사대를 무찔렀다. 20만의 나당 연합군 공격이 사비성 코앞까지 이르자 7월 13일 밤 의자왕은 백마강에서 배를 타고 공산성으로 향했다. 왕이 공산성으로 피신한 지 5일째 되던 18일 사비성은 무너졌다. 성에 남아 있던 왕자와 대좌평이 항복하고, 의자왕도 공산성에서 나와 사비성으로 붙잡혀 왔다. 무열왕은 의자왕의 처형을 원했다. 그러나 소정방은 황제에게 의자왕을 바쳐야 한다며 거절해서 의자왕의 목숨이 이어졌다. 백제의 마지막 수도인 사비성은 일주일간 불탔다.

역사는 항상 이긴 자의 편에서 기록되어 왔다. 낙화암에서 떨어진 삼천궁녀의 이야기나 방탕한 임금 의자왕의 이야기가 몇백 년의 세월이 흐른 뒤 서경 천도*를 주장했던 묘청을 몰아 낸 김부식에 의해서 쓰여졌다. 2020년대를 살고 있는 우리들이 바라볼 때 그 무렵 백제 국력으로 3000명의 궁녀는커녕 300명의 궁녀도 당치 않았을 것이다. 또한 당시 13만 호에 이르렀다는 부여에 지금은 3만도 안 되는 인구가 살고 있다는 것을 어떻게 설명할 수 있단 말인가? 옛 백제의 땅에서 살고 있는 우리들의 안쓰러운 항변이라고 말할 수 있을 것인가?

김부식은 《삼국사기》의 〈백제본기〉 '온조왕 15년 조'에 다음과 같은 글을 남겼다.

새로 궁궐을 지었는데 (新作宮室)

검소하지만 누추하지 않았고 (儉而不陋)

화려하지만 사치스럽지 않았다 (華而不侈)

백제의 아름다움을 이보다 더 적절하게 표현할 수 있으랴. 이렇게 검소하지만 누추하지 않은 그러면서도 고도의 절제미가 있는 아름다움을 추구했던 백제는 역사의 격랑을 헤쳐 나가지 못하고 뒤안길로 사라지고 말았다

● 고려 인종 때 승려 묘청이 수도를 개경(개성)에서 서경(평양)으로 옮기려고 시도한 일.

다산 정약용은 '삼국 가운데 백제가 가장 강성하였다'는 평을 내린 적이 있다. 경제력에서 신라나 고구려보다 더 우세했다는 것이다. '제방을 튼튼하게 쌓고 국내외에 유식(遊食)하는 자들을 몰아 귀농시켰다.' 《삼국사기》 '무녕왕 10년'에 실린 글과 같이 백제의 경제력은 농업을 바탕으로 한 것이었다. 온난다습한 기후조건과 넓게 펼쳐진 평야가 농사짓기에 유리했기 때문이다.

백제 123년의 도읍지로서 흥망성쇠를 지켜보았던 새벽의 땅 부여에는 백제의 유물이 별로 없다. '부여에는 상상력을 가지고 가지 않으면 보고 올 것이 없다'는 누군가의 말처럼 부여 시내는 물론이고 부소산 일대에도 그날의 자취를 고스란히 전해주는 문화유산들이 없다. 대신 부여에는 부여팔경이 있다. '미륵보살상과 탑 하나 덜렁 남은 정림사지에서 바라보는 백제탑 뒤의 저녁노을과 수북정에서 바라보는 백마 강가의 아지랑이, 저녁 무렵 고란사에서 들리는 은은한 풍경소리, 노을진 부소산에 이따금 뿌리는 가랑비, 낙화암에서 애처로이 우는 소쩍새 소리, 백마강에 고요히 잠긴 달, 구룡평야에 내려앉은 기러기 떼, 규암나루에 들어오는 외로운 돛단배.' 바로 부소산과 낙화암 그리고 그 아래를 흐르는 백마강을 중심으로 이루어진 경치다.

백제의 역사이자 새벽의 땅인 부여를 한발 한발 걷기 위해 찾아간 곳이 부여읍 남쪽에 있는 궁남지다.

국내에서 가장 많은 종의 연꽃이 피는

궁남지

매년 7월 초에서 8월 말까지, 나라 안에서 가장 크고도 아름다운 연꽃들이 연달아 피는 장소가 있다. 그 부근에 가까이 가기만 해도 연꽃 향기가 진동해서 가슴 깊은 곳까지 아릿해지는 곳, 충남 부여군 부여읍 동남리에 위치한 궁남지(사적 제135호)다. 입구에서 수양버드나무가 늘어진 호수를 따라 걷다 보면 나타나는 다리, 그 다리를 건너면 호수의 가운데 포룡정이라는 정자가 있다. 백제 왕궁의 남쪽에 있는 연못으로, 현존하는 우리나라 연못 가운데 최초의 인공 조원으로 알려진 이곳은 백제 왕궁의 별궁터였을 것으로 추정되고 있다.

궁남지는 백제의 조경 수준을 엿볼 수 있는 사적으로, 궁남지보다 40여 년 늦게 조성된 신라의 안압지에도 영향을 미쳤다고 한다. 《일본서기》*에는 궁남지의 조경기술이 일본으로 건너

● 나라시대에 만들어진 일본에서 가장 오래된 역사책.

가 일본 조경의 원류가 되었다고 나와 있다. 거의 사라져가던 것을 1964년 국가 사적으로 지정되면서 3만 평 규모로 복원했고, 1965~1967년 1만3000평 규모로 축소했다가 다시 주변 일대에 큰 연지를 조성해 오늘의 모습으로 변모하였다.

《삼국사기》〈백제본기〉'무왕 35년 조'에 실린 글을 보자.

3월에 궁 남쪽에 못을 파고 20여 리나 먼 곳에서 물을 끌어들이고 못 언덕에는 수양버들을 심고 못 가운데는 섬을 만들었는데, 방장선산을 모방하였다.

그로부터 4년 뒤인 무왕 39년 봄 3월에는 '왕과 왕비가 큰 연못에 배를 띄우고 놀았다'고 실려 있다.

궁남지는 백제의 조경 수준을 엿볼 수 있는 사적으로, 신라의 안압지에도 영향을 미쳤다고 한다.

© trabantos

《삼국유사》 '이제 2 무왕 조'에도 다음과 같이 실려 있다.

무왕의 이름은 장으로, 그의 어머니가 과부가 되어 서울 남지
(南池) 주변에 집을 짓고 살던 중 그 못에 사는 용과 정을 통하
여 장을 낳고 아명을 서동이라 하였는데, 그 도량이 커서 헤아
리기가 어려웠다. 그가 평소에 마를 캐어 팔아서 생업을 삼았
으므로 나라 사람들이 이렇게 이름을 지었다.

무왕의 어머니가 이곳 궁남지에 살고 있던 용과 관계를 맺
어 서동을 낳았다는 이야기다. 그 서동이 신라 진평왕의 셋째
딸인 선화공주가 아름답고 마음이 비단결 같다는 소문을 듣고
머리를 깎은 뒤 마를 가지고 서울로 가서 아이들에게 마를 나
눠 먹인 뒤 동요를 지어 부르게 하였다.

　　선화 공주님은 남몰래 시집을 가서
　　서동이를 밤이면 밤마다 안고 돈다네.

결국 서동과 선화공주는 결혼을 하고 서동이 왕위에 올랐
다는 설화가 전해져 궁남지 초입에 그 사연을 새겨 놓은 비가
서 있다. 그런데 무왕이 천도를 하기 위해 찾아갔던 미륵산 자
락의 마룡지에도 이와 비슷한 이야기가 서려 있다. 《삼국유사》
에 실려 있는 미륵사 창건에 관한 이야기를 보자.

하루는 백제 무왕이 부인(신라 진평왕의 선화공주)과 함께 사자 사로 가려고 용화산 밑 큰 못가까지 왔는데, 미륵불 셋이 못 속에서 나타나 왕이 수레를 멈추고 치성을 드렸다. 이에 부인이 왕에게 "여기다가 꼭 큰 절을 짓도록 하소서. 저의 진정 소원이 외다" 하였다. 왕이 이를 승낙하고 지명법사를 찾아가서 못을 메울 일을 물었더니 법사가 귀신의 힘으로 하룻밤 사이에 산을 무너뜨려 못을 메워 평지를 만들었다. 그리하여 미륵불상 셋을 모실 전각과 탑, 행랑채를 각각 세 곳에 짓고 미륵사라는 현판을 붙였다. 진평왕이 장인들을 보내어 도와 주었으니, 지금도 그 절이 남아 있다.

그런 연유로 익산시의 대표 축제가 서동왕자와 선화공주를 기념하는 축제였는데, 2009년 1월 익산 미륵사지 서탑에서 발견된 '금제사리봉안기(金製舍利奉安記)'에는 '사택적덕(沙宅積德)'이라는 이름이 등장한다.

우리 왕후께서는 좌평 사택적덕의 따님으로 지극히 오랜 세월에 선인을 심어 금생에 뛰어난 과보를 받아 만백성을 어루만져 기르시고, 불교의 동량이 되셨기에 능히 정재를 희사하여 가람을 세우시고, 기해년 정월 29일에 사리를 받들어 맞이하였다.

봉안기에 따르면 사택적덕은 백제 제30대 무왕(재위

600~641) 사택왕후의 아버지로, 좌평을 역임하였다. 무왕 치세
에 권력의 핵심에 있었음을 알 수 있다. 봉안기가 발견된 뒤 진
평왕의 따님으로 미륵산 자락에서 마를 캐는 서동왕자에게 시
집 왔다는 선화공주가 역사 속에서 애매하게 자리하게 되었다.

　궁남지 동쪽에 있는 화지산 서쪽 기슭에는 대리석으로 만
든 8각형 우물이 남아 있고, 그 주변에는 많은 기와조각이 흩
어져 있다. 이곳을 사비정궁(泗沘正宮)의 남쪽에 있었다고 하는
이궁(離宮)*터로 추정하고 있으며, 그런 연유로 궁남지는 이궁
의 궁원지였을 것으로 본다. 하지만 궁남지는 경주 안압지와
달리 고유한 이름은 아니었던 것으로 보인다.《삼국사기》〈백
제 본기〉 '비유왕 21년 조'를 보면 '궁남지 가운데에 화재가 있
었다'라고 기록되어 있다. 한성 시대 백제의 도읍지에도 '궁남
지'가 있었던 것이다. '궁전 남쪽에 연못을 팠다(穿池於宮南)'는
글이 실려 있는 것을 보면 보통명사로 쓰였던 이름 같다.

　궁남지는 왕과 귀족들이 풍류를 즐기던 장소였을 뿐만 아
니라 적을 막기 위한 외호(外濠)** 역할을 했을 것으로 추정된
다. 현재의 유적을 살펴볼 때 자연의 지형을 그대로 살린 자연
형 곡지였던 것으로 여겨진다. 여름이면 백련과 홍련, 수련, 가
시연꽃을 비롯해 나라 안에서 가장 많은 수종의 연꽃이 피고

● 　임금이 왕궁 밖에서 머물던 별궁.
●● 　성 밖으로 돌려 판 못.

지는 이곳에서는 매년 여름 부여군이 주최하는 연꽃축제가 열린다.

궁남지에서 나와 곧바로 걸어가면 아름다운 정림사지 오층석탑이 서 있는 절터에 이른다.

아름다운 백제 오층석탑이 있는

정림사지

정림사지(사적 제301호)는 백제 성왕이 538년 봄 지금의 부여인 사비성으로 도읍을 옮기면서 창건한 절의 터로 알려져 있다. 도성 안을 중앙과 동·서·남·북 등 5부로 구획하고 그 안에 왕궁과 관청, 사찰 등을 건립할 때 나성으로 에워싸인 사비도성의 중심지에 정림사를 세운 것이다. 정림사와 왕궁의 관계는 중국의 북위 낙양성 내의 황궁과 영녕사의 관계와 비슷하여 사비도성의 기본 구조가 북위의 영향을 받았음을 알 수 있다.

1979~1980년 충남대학교 박물관에서 전면 발굴조사하여 가람의 규모와 배치, 1028년에 중건된 사실 등이 드러났다. 정림사지는 백제 시대의 다른 절들과 마찬가지로 남북 자오선상에 중문과, 탑, 그리고 금당과 강당이 차례대로 놓여 있는 일탑식 가람배치를 하고 있으며, 절 구역을 회랑이 둘러싸고 있는 형국이다. 이곳에 백제탑의 정수인 정림사지 오층석탑과 석불입상이 남아 있어 그 옛날의 백제를 증언해 준다.

부여 시내의 중심에 자리잡고 있는 정림사지 오층석탑(국보 제9호)은 익산의 미륵산 자락에 있는 미륵사지석탑(국보 제11호)과 함께 우리나라 석탑 양식의 계보를 정립하는 데 귀중한 문화유산이다. 미술사학자인 우현 고유섭 선생의 연구논문 〈석조건축〉 중 탑파에 실린 글은 아래와 같다.

백제 땅에 남아 있는 가장 오래된 석탑으로는 전라북도 미륵사지석탑과 충청남도 부여의 정림사지 탑을 들 수 있다. 미륵사지석탑은 규모가 매우 커서 일찍부터 '동양의 대탑'이라고 불려왔다 …. 이 탑의 모범은 목탑에 있었다. 즉 다층 목탑의 각 부재를 모두 석재로 대용해서 건립한 것이다. 기단이 매우 낮은 점이나 3칸 4면을 본떠 귀퉁이 기둥과 면석을 두른 점에서 목탑의 흔적을 엿볼 수 있다. 부여 정림사지 오층석탑은 미륵사지석탑에 비하여 규모가 작아졌고, 세부의 변형도 있었다. 그러나 그 모범이 목탑이었던 사실에서 익산 미륵사지석탑과 같은 계통의 작품임을 알 수 있다.

백제탑의 전형인 미륵사지석탑이 화감암 많은 익산 황등 일대에서 목탑의 번안으로 시작되었고, 그 석탑을 만들었던 백제 사람들이 우리나라 탑 중 가장 아름답다고 알려진 정림사지 오층석탑을 만들었다. 신라 때 전탑에서 석탑을 만들어냈고, 백제가 멸망한 뒤 통일신라 때 감은사 탑과 고선사 탑을 만들었다. 그 뒤 우리나라 탑의 결정체라고 할 수 있는 불국사의 석가탑과 다보탑이 만들어졌다. 비로소 고상하면서 아름다운 석탑의 진수가 완성된 것이다. 그런 의미에서 정림사지 탑은 백제탑 형식 중 전형적인 석탑이자 석탑의 시조라 할 수 있다. 각 부의 양식 수법이 특이하면서도 탑의 규범을 잘 보여주는, 한국 석탑의 계보를 정립시킨 탑이라는 평을 받고 있다. 이 탑을 계승한 탑이 서천군 비인면에 있는 비인 오층석탑과 장하리 삼층석탑이다.

나라가 망하면서 백제의 수도 사비성이 불바다가 되었는데 그 와중에 유일하게 살아남은 정림사지 오층석탑은 아름다우면서도 세련되고 격조 높은 기품을 자랑한다. 석탑의 높이는 8.33미터이며, 구조는 대부분의 석탑과 같이 지대석을 구축하고 기단부를 구성한 다음 그 위에 5층의 탑신부를 놓고 정상에는 상륜부를 형성하였다. 기단부는 8매의 장대석으로 지대석을 만들고 그 위에 다시 8매의 낮은 돌을 놓은 다음 양 우주(모서리기둥)와 1탱주, 면석이 16매로 조립되어 있는 중석을 놓았는데, 면석의 모서리 기둥은 위로 올라갈수록 좁아져서 목조기둥의 배흘림 수법이 그대로 남아 있다. 중석 위의 갑석은 8매로 구성하고, 상부면은 약간의 경사를 두어 낙수면을 이루게 하였고, 탑신부를 받는 받침 없이 평평한 갑석 위에 탑신을 놓았다.

이 탑은 백제를 멸망시킨 후 당나라의 소정방이 세웠다는 '평제탑(平濟塔)'으로 잘못 알려져 왔다. 탑 1층의 탑신부에 '대당평백제국비명(大唐平百濟國碑銘)'이라는 글자가 해서체로 새겨져 있었기 때문이다. 그러나 1942년 일본인 후지사와 가즈오가 절터 발굴조사 중 발굴한 기와조각에 '태평팔년무진정림사

백제의 수도 사비성이 불바다가 된 와중에 유일하게 살아남은 정림사지 오층석탑은 아름다우면서도 세련되고 격조 높은 기품을 자랑한다.

대장당초(太平八年戊辰定林寺大藏當草)'란 명문이 적혀 있어 태평 8년인 고려 현종 19년에 정림사로 불리웠음을 알게 되었다. 소정방의 글자는 백제를 멸망시킨 소정방이 그것을 기념하기 위해 이미 세워져 있던 탑에 새겼을 것으로 추측된다. 이후 '정림사지'와 '정림사지 오층석탑'으로 불리게 되었다.

오층석탑 뒤편에 있는 석불좌상(보물 108호)은 얼굴이나 몸체가 세월에 부대껴 제대로 드러나지 않는다. 다만 아래쪽의 대좌와 안상, 연꽃 조각이 분명하고도 당당한 것을 보면 고려

정림사지 석불좌상은 형체가 제대로 드러나지 않지만, 조각양식으로 보아 고려 때의 불상임을 알 수 있다.

때의 불상임을 알 수 있다. 현종 때인 1028년 정림사를 대대적으로 중수할 때 세운 것으로 추정된다. 전체 높이는 5.62미터이고, 지금은 새로 지은 전각 안에 모셔져 있다.

정림사지에 서서 백제 멸망의 원인을 생각해 본다. 《일본서기》 '제명(齊明) 6년 7월 조'를 보자.

혹은 말하기를, 백제는 스스로 망하였다. 군대부인(君大夫人) 요녀가 무도하여 국병(國柄)을 제 마음대로 빼앗아 현양(賢良)을 주살한 까닭에 이 화를 불렀다.

큰 사건에는 대개 여자가 등장하는데, 그 요녀에 대한 글이 부여 정림사지 오층석탑의 명문에도 새겨져 있다.

항차 밖으로는 굳은 신하를 버리고 안으로는 요녀를 믿어 형벌이 미치는 것은 오직 충양에게 있으며, 총애와 신임이 더해지는 것은 반드시 먼저 아첨꾼이었다.

의자왕은 재위 4년 만에 태자 융으로 후계자를 정했는데, 의자왕이 총애했던 은고라는 요녀가 자기가 낳은 아들인 부여 효로 태자를 바꾸면서 권력을 거머쥐었다. 노쇠한 의자왕이 사치와 향락에 빠져 국정을 돌보지 않는 틈을 타서 요녀가 전횡

156

을 일삼고 있던 백제의 상황을 신라의 김춘추와 김유신이 좌평 임자를 통해 속속들이 알고 있다가 당나라와 협약하여 쳐들어 온 것이다. 그 당시 백제의 인구는 얼마나 되었을까? 〈정림사 지오층석탑비문〉에는 '5도독부 37주 250현에 24만호 620만 인 구'라고 적혀 있지만 그 정도 인구가 과연 가능했을까?

생각하면 가슴이 아릿해지고, 문득 달려가고 싶고, 눈앞에 선하게 떠오르는 곳이 필자에게는 쓸쓸한 정림사지와 백제인 의 감성이 고스란히 담긴 아름다운 오층석탑이다. '이리 보아 도 내 사랑, 저리 보아도 내 사랑'이라고 춘향가의 한 소절을 흥얼거리며 부소산으로 향한다.

장하리 삼층석탑은 정림사지 오층석탑을 계승했다.

부여의 진산
부소산

　　부소산은 금강 가에 있으며, 높이 106미터의 나지막한 산
이지만 켜켜이 쌓인 역사와 이야기는 백두산만큼 넓고도 깊다.
부여읍 북쪽에서 북으로 금강을 둔 형상이 백제의 두 번째 수
도인 공주의 공산성과 비슷해 고구려 군사를 방어하기에 알맞
다. 백제 때 성왕이 도읍을 지금의 공주인 웅진에서 이곳 부소
산 자락의 사비로 천도하였다. 《신증동국여지승람》 '산천 조'
에 실려 있는 설명은 다음과 같다.

　　부소산(扶蘇山), 현 북쪽 3리에 있는 진산이다. 동쪽 작은 봉에
　　비스듬히 올라간 곳을 영월대라 부르고, 서쪽 봉을 송월대라
　　이른다.

　　이 산을 언제부터 부소산으로 불렀는지 정확한 기록은 없
다. 소나무를 뜻하는 '풋소'를 한자로 표기한 것이 '부소'라는

의미에서 유래했다는 설이 있는데, 풀어 말하면 결국 '솔뫼'가 되는 것이다. 가람 이병기 선생은 이 산을 답사한 뒤 다음과 같은 기행문을 남겼다.

> 부소산은 조그마한 산이지마는 퍽 묘하게 된 산이다. 그 배치며 형국이며, 방향이 한 군데 어떻다고 나무랄 데가 없고, 한옆으로는 크나큰 강이 감돌아 흐르고 사면이 겹겹이 둘러 있다. 과연 좋은 곳이다. 이런 것이 이름이 아니 나랴.
> 이 산은 백제 말엽 백여 년 동안의 궁성터였다. 백제가 망하고 1200년이나 지나매 그때 우물도 많지 못하고 다만 군데군데 꿈같은 자취만 남아 있다. 이 산 기슭에 남아 있는 고적 진열관 부근이 대궐터였다.

부소산에는 백제의 수도인 사비를 수호하기 위해 축조된 둘레 2.2킬로미터의 부소산성(사적 제5호)이 있다. 538년(성왕 16년) 수도 천도를 전후한 시기에 쌓은 토성으로, 당시에는 사비성이라 불렀다. 백제가 멸망할 때까지 123년 동안 백제의 도읍을 지켰다. 그보다 앞선 500년(동성왕 22년)경 이미 산봉우리에 테뫼형* 산성이 축조되었다가 천도할 시기를 전후하여 개축했다고 알려져 있고, 605년(무왕 6년)경 현재의 규모로 확장

● 산 정상을 중심으로 7~8부 능선을 거의 수평으로 둘러싼 산성.

해 완성된 것으로 추정된다.

흙과 돌을 섞어 쌓은 토석혼축식인 부소산성은 부소산 산정을 중심으로 머리띠식이라고 부르는 테뫼식 산성을 쌓고, 그 주위를 다시 포곡식*으로 축조한 복합식 산성이다. 백제 시대의 독특한 산성 양식을 잘 보여준다. 성 안에는 동·서·남문지가 있으며, 북쪽의 금강으로 향하는 낮은 곳에 북문과 수구가 있었을 것으로 보인다. 동문지로 추정되는 곳에서는 대형 철제 자물쇠가 발견되어 문지였음을 입증해 주고, 남문지에는 아직도 문주를 받쳤던 초석 2개가 동서로 나란히 있다. 성내에 서복사지와 영월대지, 영일루, 군창지, 송월대지, 사자루, 삼충사, 궁녀사 등 많은 문화유산이 있다. 산 너머에 낙화암과 백화정이 있고, 금강 가에는 고란사가 있다.

백제의 왕궁으로서, 사비시대 백제의 마지막 도읍이었던 사비도성의 일부로서 부소산성의 성격이 밝혀진 것은 매우 중요한 학술적 의미를 지닌다. 안에 군창지와 건물지들이 있는 것으로 보아 유사시에는 군사적인 목적으로 사용하였으나 평상시에는 백마강과 부소산의 아름다운 경관을 이용해 왕과 귀족들이 즐기는 비원의 구실을 했던 것으로 추측되고 있다.

일제 시대에 이 절을 찾았던 춘원 이광수는 기행문집《반도

● 성곽 안에 골짜기를 포함하여 축조한 산성. 성 내부에 수원이 풍부하고 활동공간이 넓은 것이 특징이다.

강산》에서 부소산을 다음과 같이 노래했다.

부소산은 산이라기보다 강이다. 산에 기왓조각이 한 벌 깔렸다. 그날 밤 화염에 튄 것이다. 어로(御爐)의 향내 맡던 곳이요, 남훈(南薰)의 태평가 듣던 곳이다. 여기는 대궐 지리요. 여기는 비빈(妃嬪)이 있던 데요. 달 맞는 영월대, 달 보내는 송월대는 여기저기요. 공차던 축구장이 여기, 가무하던 무슨 전(殿)이 여기, 660년의 영화가 하룻밤에 사라질 때 부소산 전체가 온통 불길이 되어 7월의 밤하늘과 사자수(泗泚水)를 비칠 때의 비장 참담한 광경이 눈을 감으면 보이는 듯 하다. 그때에 영화의 꿈에 취하였던 궁궐이 온통 경황하여 울며불며 엎드러지며 자빠지며 이리 뛰고 저리 굴고 하던 양, 꽃같이 아름답고 세류같이 연

대재각에서 바라본 부소산과 백마강. 부소산에 쌓인 역사와 이야기는 백두산만큼 넓고도 깊다.

약한 수백의 비빈이 흑연(黑煙)을 헤치고 송월대의 빗긴 달에 낙화암으로 가던 양, 숫고개와 수사자로 폭풍같이 밀려드는 나당 연합군의 승승한 고함소리가 귀를 기울이면 들리는 듯하다.

슬프고도 서러운 역사를 기억하고 있는 부소산 길을 오르다 보면 제일 처음 만나는 유적지가 세 사람의 충신을 모신 삼충사다.

백제의 세 충신을 기리다

삼충사

부소산성 안으로 들어가는 입구는 네 곳이 있다. 주차장에서 올라오면 '부소산문'을 만나게 되고, 구드래 음식특화거리에서 올라오면 '구문', 구드래 선착장에서 올라오면 '서문', 고란사 선착장에서 올라오면 '후문'을 통과하게 된다.

정림사지에서 이어지는 길로 부소산문을 통과해 소나무 울창한 길을 걷다가 오른쪽으로 돌아가니 삼충사에 이른다. 삼충사는 백제의 충신이었던 성충과 흥수 그리고 계백장군을 기리기 위해 지은 사당으로, 1957년 처음 세웠고 1981년 지금의 모습으로 다시 지었다.

성충은 백제 의자왕 때의 충신으로 일명 '정충'이라고도 부른다. 그는 좌평으로 있던 656년 의자왕이 신라와의 싸움에서 연승하여 자만과 주색에 빠지자 국운이 위태로워짐을 적극적으로 간하다가 투옥되었다. 옥중에서 병이 나서 죽음을 눈앞에 두고 왕에게 다음과 같은 글을 올렸다.

충신은 죽어도 임금을 잊지 못하는 법입니다. 그래서 죽기 전에 한 말씀만 드리겠습니다. 신이 항상 시세의 흐름을 볼 적에 멀지 않아 반드시 전쟁이 일어날 것 같습니다. 무릇 군사를 쓰려면 그 지리적 조건을 잘 이용하여야 하는데, 강의 상류에서 적병을 맞이하면 나라를 보전할 수 있습니다. 만일 적군이 쳐들어오면 육로로는 탄현을 넘지 못하게 하고, 수군은 백강에 못 들어오게 한 뒤 험한 지형에 의지하여 싸우면 틀림없이 이길 것입니다.

의자왕은 성충의 말을 듣지 않고 황음(荒淫)을 금하지 않다가 결국 660년 신라군이 탄현을 넘어 수도 사비로 쳐들어오고, 당나라 군대도 기벌포를 지나 사비성으로 쳐들어와 패망할 것

삼충사는 백제의 충신 성충과 흥수, 계백장군을 기리기 위해 지은 사당이다.

을 예감하자 그때서야 한탄하며 말했다. "성충의 말을 따르지 않았더니 결국 이 지경이 되었구나." 백제는 멸망하였다.

홍수는 의자왕 때 좌평 벼슬에 있다가 죄를 지어 지금의 전라남도 장흥인 고마미지현으로 귀양을 갔다. 660년(의자왕 20년) 당나라와 신라의 연합군이 백제를 치기 위해 덕물도에 이르자 왕이 좌평 의직과 달솔, 상영 등의 신하를 불러 어떻게 전쟁에 대비할 것인가 회의를 열었지만 의견이 구구하여 결정을 짓지 못하였다. 왕이 사람을 보내 홍수에게 의견을 묻자 다음과 같은 답이 왔다.

당나라 병사들은 수가 많고 군율이 엄하며 더구나 신라와 공모하여 앞뒤로 서로 호응하는 세를 이루고 있으니, 만일 넓은 들판에 진을 치고 싸우면 승패를 알 수가 없습니다. 백강과 탄현은 한 군사가 단창으로 지키고 있으면 만 명도 이를 당하지 못할 것이니, 용맹 있는 군사를 뽑아 지키도록 하여 당나라 군사들로 하여금 백강에 들어오지 못하게 하며, 신라 병사로 하여금 탄현을 지나오지 못하게 하고, 대왕께서는 성문을 단단히 닫고 굳게 지키면서 그들의 식량이 다하고 병졸이 피로함을 기다린 뒤에 분발하여 치면 필연코 적을 물리칠 수 있을 것입니다.

그러나 대신들의 생각은 달랐다.

홍수가 오랫동안 옥중에 있으면서 대왕을 원망하였을 것이니 그의 말을 들어선 안 됩니다. 당나라 병사들은 백강에 들어와서 흐름에 따라 배를 정렬할 수 없게 하고 신라군은 탄현에 올라서 좁은 길을 따라 말을 정렬할 수 없게 한 다음 이 때에 군사를 놓아 치면 마치 새장 속에 있는 닭을 죽이고 그물에 걸린 고기를 잡는 것과 같을 것입니다.

그들의 말을 그럴듯하게 여긴 의자왕도 홍수의 말을 따르지 않았다. 결국 당나라 군사들이 백강을 지나 진격해 오고 신라군은 탄현을 넘어 공격해 온다는 말을 듣자 왕은 어찌할 바를 모르다가 패망하고 말았다. '이 세상에서 그 어떤 것도 진실을 말하는 것보다 더 어려운 것은 없고, 아첨하는 것보다 더 쉬운 것은 없다.' 예나 지금이나 들어맞는 말이다. 진리를 말하는 친구의 고언보다는 아첨쟁이들이 뇌까리는 달콤한 말을 피해 도망쳐야 하는데, 의자왕은 그 말을 몰랐던 것이다.

백제의 장수 계백의 관등은 달솔(達率)이었다. 신라의 김유신과 당나라의 소정방이 5만여 명의 연합군을 거느리고 백제의 요충지인 탄현(지금의 대전 동쪽 마도령)과 백강으로 진격해 오자 계백은 결사대 5000명을 뽑아 황산(지금의 논산시 연산면)벌에 나가 맞이하였다. 아래는《신증동국여지승람》'연산현 편 산천 조'에 실린 글이다.

황산, 일명 천호산이라고도 하는데, 현 동쪽 5리에 있다. 신라의 김유신이 군사를 거느리고 당나라 소정방과 더불어 백제를 공격하니, 백제의 장군 계백이 황산 벌판에서 신라의 군사를 방어할 적에 3개의 병영을 설치하고 네 번 싸워 모두 이겼으나 끝내 군사가 적고 힘이 모자라서 죽었다.

계백은 전쟁터에 나아가기에 앞서 다음과 같이 말했다. "한 나라의 힘으로 나·당의 큰 군대를 당하니 나라의 존망을 알 수 없다. 내 처자가 잡혀 노비가 될지도 모르니 살아서 욕보는 것이 흔쾌히 죽어버리는 것만 같지 못하다."

이어 처자를 모두 죽이고 나라를 위해 목숨을 버릴 것을 각오한 뒤 병사들을 향해 말했다. "옛날에 월나라의 왕 구천은 5000명의 작은 병력으로 오나라의 왕 부차가 거느린 70만 대군을 무찔렀다. 오늘 마땅히 각자 분전해 승리를 거두어 나라의 은혜에 보답하라."

목숨을 초개같이 버릴 것을 맹세한 계백의 5000 결사대는 험한 곳을 먼저 차지해 세 진영으로 나뉘어 연합군에 대항하였고, 그 용맹은 연합군의 대군을 압도할 만하였다.

"용병과 작전에 뛰어난 장수란 먼저 유리한 지형을 차지하고 유리한 태세를 갖추어 전투를 하는 자를 말한다"며 전투를 시작한 계백은 뛰어난 병법가였다. 그래서 훗날 《동사강목》을 지은 순암 안정복은 "계백이 험한 곳에 의지해서 군영을 설치한 것은 지(智)의 표상이다"라고 높게 평가했다. 그런 연유로 백제의 군사들은 초반 연합군과의 네 번에 걸친 싸움에서 모두 승리를 거두었지만 반굴과 관창 등 어린 화랑의 전사로 사기가 오른 연합군의 대군과 대적하기에는 그 수가 턱없이 부족하였다. 《동사강목》에는 '계백이 관창을 잡았다가도 죽이지 않은 것은 인(仁)이요, 두 번째 잡았을 때 죽여서 그 시체를 보낸 것은 의(義)요, 중과부적해서 마침내 죽어버린 것은 충(忠)이다.'라고 실려 있다.

드디어 악전고투하여 한 사람이 천 사람을 당하지 못하는 자가 없었으므로 신라 군대가 그만 퇴각하였다. 그러나 같이 나갔다가 물러났다 하며 싸우기를 네 번이나 하였는데, 힘이 모자라 죽었다.

《삼국사기》〈계백전〉에 실린 글처럼 결국 백제군은 패하고 마지막까지 군사들을 독려했던 계백은 장렬한 최후를 마쳤다. 조선 시대 유학자들은 계백의 장렬한 전사를 충절의 표본으로 여겼는데, 조선 초기의 문장가이자 정치가인 권근의 생각은 달랐다. "계백이 출전하기에 앞서 처자를 모두 죽인 것이 오히려 군사들의 사기를 떨어뜨려 결국 패하는 결과를 낳게 한 것이고, 계백의 그러한 행동은 난폭하고 잔인무도한 것이다."

반면 서거정은 계백의 행동을 높게 평가했다. "당시 백제가

망하는 것은 필연적인 사실이기에 자신의 처자가 욕을 당하지
않도록 몸소 죽이고 자신도 싸우다가 죽은 그 뜻과 절개를 높
이 사야 한다."

계백은 부여의 의열사와 연산의 충곡서원에 제향되었으며,
삼충사에서는 해마다 10월 백제문화재 때 삼충제를 지내고 있다.

삼충사에서 야트막한 언덕길을 오르면 궁녀사를 만난다.
의자왕 20년인 660년 나당 연합군에 의해 사비성이 함락되던
날 적군에 붙잡혀 몸을 더럽히지 않기 위해 낙화암에서 떨어져
죽은 궁녀들의 충절을 기리기 위해 1966년에 세운 사당이다.
정면 3칸, 측면 2칸의 솟을삼문형 외삼문으로 들어서면 경내
뒤쪽으로 정면 3칸, 측면 4칸의 사당이 자리잡고 있다. 궁녀도

궁녀사는 사비성이 함락되던
날 낙화암에서 떨어져 죽은
궁녀들의 충절을 기리기 위
해 세운 사당이다.

(宮女圖)가 모셔진 이곳에서 매년 10월 백제문화제 때 제사를
지낸다. 겹처마 팔작지붕인 건물 정면에는 김종필이 쓴 현판이
걸려 있다.

영일루와 군창터를 비롯한

부소산성의 정자와 누각

삼충사를 나와 천천히 부소산을 오르다 보면 보이는 정자
가 '해를 맞이한다'는 뜻을 가진 영일루(충청남도 문화재자료 제
101호)다. 백제 왕들이 이곳에 올라 멀리 계룡산 연천봉으로 떠
오르는 해를 맞이했다고 한다. 백제의 패망과 함께 사라졌던
것을 1871년(고종 8년)에 당시 홍산 군수였던 정몽화가 조선 시
대 홍산현의 관아문으로 지었고, 1964년 지금의 자리인 부소산
성 안으로 이전했다. 정면 3칸 측면 2칸 규모의 2층 건물에 팔
작지붕을 얹었고, 지붕 처마를 받치기 위해 장식하여 만든 공
포는 기둥 위와 사이에도 있는 다포 양식으로 꾸몄다.

영일루 옆, 부소산성 동쪽 정상부에 있는 군창터(충청남도
문화재자료 제109호)는 백제 시대에 군수물자를 비축했던 곳이
다. 일제 시대인 1915년에 한 국민학생이 칡뿌리를 캐다가 발
견했다. 이곳 지하에서 쌀과 보리, 콩 등의 불에 탄 곡식이 발
견됨으로써 백제 시대 군량미 창고 터라는 것이 알려졌다.

1981년과 1982년 두 차례 국립문화재연구소에서 발굴조사를 실시하면서 그 규모가 상세히 밝혀졌다. 군창터 건물은 ㅁ자 모양으로 가운데 공간을 두고 동서남북으로 배치되어 있으며, 길이 70미터, 넓이 7미터, 땅속 깊이 47센티미터 정도 규모다. 지금도 이 일대를 파보면 불에 탄 곡식들이 많이 나와 사비성이 함락되던 그 시대의 비극적 역사를 전해준다.

부소산의 가장 높은 봉우리인 송월대에 우뚝 서 있는 사자루(충청남도 문화재자료 제99호)는 1824년(순조 24년) 임천군 관아의 정문으로 세워진 개산루라는 누정이었다. 일제강점기인 1919년 부소산성의 송월대지에 옮겨 짓고 현판을 사자루로 변경하였다. 백제 왕들은 영월대에서 떠오르는 달을 맞으면서 연악하고, 송월대에서 지는 달을 보며 즐겼다고 한다. 2층 문루 건물인 사자루는 정면 3칸에 측면 2칸이며, 2층에는 누각을 설치하였다. 지붕은 겹처마 팔작지붕으로 건물 정면에는 고종의 다섯째 아들인 의친왕 이강이 쓴 '사자루(泗泚樓)'라는 현판이 걸려 있고, 백마강 쪽으로는 해강 김규진이 쓴 '백마장강(白馬長江)'이라는 현판이 걸려 있다.

사자루를 건립하기 위해 주변 땅을 고를 때 광배 뒤편에 정지원이라는 이름이 새겨진 백제 시대의 금동석가여래입상(보물 제196호)이 발견되었다. 정지원이라는 사람이 죽은 부인을 위해 만들었다는 3행 16자의 내용이 실려 있어 백제 시대의 불상이 어떻게 조성되었는가를 알 수 있는 귀중한 문화유산으로 평가받는다.

반월성에서 이름이 유래한 반월루는 1972년 정찬경 군수 때 세워진 누각으로 부소산성 서쪽 봉우리에 있다. 부여 시가지를 한눈에 볼 수 있는 자리로,《신증동국여지승람》에는 반월성이 다음과 같이 소개되어 있다.

> 돌로 쌓았다. 주위가 1만3600척이니 이것이 곧 옛 백제의 도성이다. 부소산을 쌓아 안고 두 머리가 백마강에 닿았는데, 그 형상이 반달 같기 때문에 반월성이라 이름 지은 것이다.

부소산에서 가장 높은 송월대에 자리잡은 사자루.

삼천궁녀가 꽃잎처럼 떨어져 내린

낙화암과 백화정

꽃잎 하나 날려도 봄이 가는데

바람에 만점 꽃 펄펄 날리니 안타까워라.

봄이면 봄마다 수많은 사람들의 마음을 애잔하게 만드는 당나라 시인 두보의 시 구절이다. 그런데 꽃보다도 더 아름다운 사람이 꽃잎처럼 비단처럼 아름다운 강으로 우수수 떨어져 내린 곳이 있다. 부소산 북쪽의 천길 벼랑인 낙화암이다. 이 절벽은 나당 연합군에 의해 백제가 멸망할 때 삼천궁녀가 백마강에 몸을 던졌다는 고사로 유명하다.

명나라의 총지지(總地志)*인 《대명일통지》에는 백제가 멸망한 뒤의 상황이 '집들이 부서지고 시체가 풀 우거진 듯하였다'고 묘사되어 있다. 그런 비극적인 상황을 침묵한 채 바라보

● 지리책.

앉을 부여의 낙화암이 《삼국유사》에는 사람이 떨어져 죽은 바위라는 뜻으로 타사암(墮死巖)이라 실려 있는데,《신증동국여지승람》은 다음과 같이 말한다.

> 현 북쪽 1리에 있다. 조룡대 서쪽에 큰 바위가 있는데, 전설에 의하면 의자왕이 당나라 군사에게 패하게 되자 궁녀들이 쏟아져 나와 이 바위 위에 올라가서 스스로 강물에 몸을 던졌으므로 낙화암이라 이름했다 한다.

이때까지만 해도 궁녀들이 떨어져 죽은 바위일 뿐이지 삼천궁녀가 꽃잎처럼 백마강에 떨어져 죽었다는 전설은 생겨나지 않았다. 후일에 만들어진 전설과 사실의 차이는 이렇게 크다. 그 당시 백제의 국력으로는 300명의 궁녀도 안 되었을 것으로 생각된다. 의자왕의 서자가 41명이었고, 그들을 좌평으로 임명하고 각각 식읍까지 내려주었다는 기록으로 보아 자녀 수는 100여 명이 넘고, 궁녀 수는 더 많았을 것으로 추정되기도 한다.

낙화암 위에 육각형으로 지어진 건물이 백화정(충청남도 문화재자료 제108호)이다. 죽은 궁녀들의 원혼을 추모하기 위하여 1929년 당시 군수 홍한표가 세웠다. 부여로 여행 온 사람들은 옛 추억을 찾아가듯 부소산을 오르고 낙화암의 백화정에 올라 요절한 가수 배호의 '추억의 백마강'을 부른다.

백마강 달밤에 물새가 울어 / 잃어버린 옛날이 애달프구나 / 저 어라 사공아, 일엽편주 두둥실 / 낙화암 그늘 아래 울어나 보자

노래를 부르면서 잃어버린 왕국을 생각하곤 한다. 어디 오늘날만 그러하랴. 조선 숙종 때 사람 석벽 홍춘경은 그 시절을 이렇게 회고하였다.

나라가 망하니 산하도 옛 모습을 잃었구나.
홀로 강에 멈추듯 비치는 저 달은
몇 번이나 차고 또 이지러졌을꼬.
낙화암 언덕엔 꽃이 피어 있거니
비바람도 그해에 불어 다하지 못했구나.

당시 떨어져 내린 궁녀들을 이병기 선생은 '백제의 아름다운 꽃'이라고 말하고서 다음과 같은 글을 남겼다.

수십만 되는 나당 연합군의 힘으로도 이 꽃 가지 하나만은 꺾지 못했던 게 아닌가. 이 부소산에서 열린 백제의 모든 희극 비극은 이 꽃들이 흩날려 떨어지며 그 종막을 닫은 것 아닌가?

한편 부소산에는 천정대라는 대 모양의 바위가 있었다. 백제에서는 재상을 임명할 때 뽑힐 만한 사람의 이름을 써서 상

자에 넣고 봉한 다음 바위 위에 놓아 두었다가 잠시 뒤 이름 위에 도장 흔적이 있는 사람을 임명하였다. 그래서 '하늘이 관리를 임명하는 바위'라는 뜻으로 천정대라 불렀으며, '정사대'라고도 하였다.

낙화암 아래로 천천히 걸어 내려가면 고란사와 만난다.

천길 벼랑인 낙화암은 나당 연합군에 의해 백제가 멸망할 때 삼천궁녀가 백마강에 몸을 던졌다는 고사로 유명하다.

백마강의 슬픈 전설 품고 있는
대왕포와 고란사

백화정에서 가파른 길을 내려가면 고란초로 이름난 고란사
에 이른다. 절 뒤편 암벽에서 자라는 고란초에서 이름을 따온
것으로 알려져 있는 고란사의 대웅전은 정면 7칸에 측면 4칸
의 비교적 규모가 큰 건물이다. 은산에 있는 숭각사에서 옮겨
온 건물로 1959년 고쳐 지을 때 확인한 대량 밑 상량문에 의하
면 1797년(정조 21년)에도 고쳐 지은 것으로 쓰여 있다. 정면 좌
측 2칸을 요사로 사용하고 나머지 5칸에는 모두 우물마루를 깔
아 후면 중앙 부분에 긴 불단을 조성하였다. 현재는 이 대웅전
좌측에 요사채가 있고 우측으로는 범종각이 있다.

강 폭 넓고 연무 깊고 저 멀리는 모래톱
지금까지 초동목수도 전조였음을 알고 있지
산에 중은 국가 흥망 상관이 없다던가
드맑은 풍경 소리 구름 밖을 날아가네

조선 중기의 문신인 상촌 신흠이 〈고란사의 저녁 풍경〉이라는 시를 남긴 고란사 뒤편의 약수는 백제 왕들의 어용수로 유명하다. 임금이 약수를 마실 적에 물 위에 고란초 잎을 띄웠다. 고란초에 대해서는 조선 세종 때 편찬된 《향방약성대전》에 수록되어 있는데, 신라의 고승 원효가 백마강 하류에서 강물을 마셔보고 그 물맛으로 상류에 고란초가 있음을 알았다는 신비의 여러해살이풀이다. 고사릿과에 속하며, 한방에서는 화류병(花柳病)에 즉효약으로 쓰였다고 한다.

고란사 아래를 흐르는 백마강을 대왕포라고 부른다. '현 남쪽 7리에 있는데, 근원은 오산에서 나와 서쪽으로 흘러 백마강으로 들어간다'고 《신증동국여지승람》에 실려 있는 대왕포가 《삼국사기》 '무왕 37년 조'에는 이렇게 기록되어 있다.

3월에 왕은 좌우에 신하들을 거느리고 사비하(백마강) 북포에서 연회를 베풀고 놀았다. 그 사이에 기이한 꽃과 이상한 풀을 심었는데 마치 한 폭의 그림과도 같았다. 왕은 술을 마시고 흥이 극도에 이르러 북을 치고 거문고를 뜯으며 스스로 노래를 부르고 신하들을 번갈아 춤을 추게 하니, 사람들이 그곳을 대왕포라고 말하였다.

수심은 얕아졌지만 예나 지금이나 다름없이 흐르고 있는

백마강에는 슬픈 역사가 서려 있다. 당나라 장수 소정방이 백제성을 공격할 때였다. 비바람이 몰아치고 구름과 안개가 자욱하여 도저히 강을 건널 수가 없게 되어 소정방이 근방에 살고 있는 사람에게 물으니 "백제의 의자왕은 밤에는 용으로 변하고 낮에는 사람으로 변하는데, 왕이 전쟁 중이라서 변하지 않고 있어서 그렇다"고 대답했다. 소정방이 타고 다니던 백마의 머리를 미끼로 삼아 용을 낚아 올리자 금세 날이 갰고, 당나라 군사가 강을 건너 공격하여 성을 함락시켰다. 그때 용을 낚았던 바위를 조룡대라고 일렀다. 그 뒤 조룡대 근처에 백제를 멸망시킨 소정방의 공적을 기리는 비를 세웠는데 이 비를 소정방비라고 불렀고, 강의 이름을 백마강이라 부르게 되었다고 한다.

옛 문헌에는 백마강이 사비강, 사비하, 사자강, 백강, 백촌강으로 기록되어 있다. 전북 장수군 장수읍 신무산에서 시작되어 군산 하구둑까지 이어지는 금강의 중하류에 속하는 물줄기다. 부소산 건너 동편 천정대 앞 범바위에서부터 부여읍의 남쪽 현북리 파진산까지 약 16킬로미터 정도를 말하며, 부여의 옛 지명을 따서 '소부리의 강' '사비의 강' '서울의 강'으로 불렸다. 강의 형승이 부여의 북쪽과 서쪽, 그리고 남쪽을 감돌아 흐르기 때문에 반월성이라고 부르기도 하였는데, 경치가 아름다워 시인묵객들의 발길이 잦았다.

대왕포의 달은 속절 없이 가을밤이요

정사암(政事巖)의 꽃은 몇 봄인고

오늘은 두서너 집 삭막하지만

당시에 십만 호가 태평을 즐겼네

고려 후기의 문신 민사평이 흐르는 금강을 바라보면서 대왕포에 대해 남긴 글이다. 《신증동국여지승람》에는 백마강이 '현 서쪽 5리에 있다. 양단포 및 금강천이 공주의 금강과 합류하여 이 강이 된 것인데, 임천군 경계에 들어가서는 고다진이 된다'고 설명되어 있다.

부여 현감 한원례의 초청으로 부여를 찾았던 다산 정약용은 소정방의 전설 때문에 백마강이라고 부르게 되었다는 이야기에 크게 실망하고 다음과 같은 〈조룡대기〉를 지었다.

아! 우리나라 사람들은 어찌 이리 황당함을 좋아하는가! 조룡대는 백마강의 남쪽에 있는데, 소정방이 여기에 올랐다면 이미 군사들이 강을 건넌 후였을 것이니 어찌 눈을 부릅뜨고 용을 낚아 죽였겠는가? 또 조룡대는 백제 성 (사비성) 북쪽에 있으니 소정방이 이 대에 올랐다면 이미 성은 함락된 후였을 것이다. 당나라 군성이 바다로 와서 백제성 남쪽에 상륙했을 터인데 무엇 때문에 강을 수십 리나 거슬러 올라가 이 조룡대 남쪽에 이르렀겠는가?

고란사에서 구드래나루로 가는 길은 두 가지다. 고란사 아래 선착장에서 유람선을 타고 백마강을 따라 벼랑 끝에 매달린 낙화암을 보면서 가는 길과 고란사로 내려온 길을 거슬러 올라 낙화암을 거쳐 가는 길이다. 문화재청에서 지정한 국가 명승 제63호인 구드래나루 일원은 부여군 부여읍 쌍북리 산1번지 일대를 일컫는다. '구들돌'이라는 말에서 비롯된 구드래라는 이름의 어원은 백제 시대로 거슬러 올라간다.

부소산 서쪽 기슭 백마강 가에 있는 구드래나루는 백제 도읍지인 사비성의 관문 역할을 한 곳으로 백제에서 가장 큰 무역항이었다고 한다. 백제가 번성했을 당시 일본 등 외국 사신들과 장사꾼들이 배를 타고 군산포를 거쳐 금강을 거슬러 올라와 구드래나루에 입항하였다. 이곳 지명이 구드래, 구다라, 굿

고란사는 절 뒤편 암벽에서 자라는 고란초에서 이름을 따왔다고 한다.

© trabantos

들개, 구들 등 여럿 있는데, 구다라는 '대국을 섬기는 나라' 즉 백제를 뜻한다고 《일본서기》에 실려 있다. 굿을 하며 천지신명에게 제사를 모시는 장소라는 의미의 '굿들개'라는 주장도 있다. 하지만 나루터 입구 유래비에는 《삼국유사》에 실린 기록을 근거로 '왕이 도착하면 바위가 구들처럼 스스로 따뜻해져 구들, 구드래가 되었다'는 '구들설'로 적혀 있다.

강 건너 부산에서 바라보면 구드래 일대의 강과 낮은 산이 서로 어울려 한폭의 그림 같은 정경을 연출하는 구드래나루터

고란사 뒤편의 약수는 백제 왕들의 어용수로 유명하다. 임금이 약수를 마실 적에 물 위에 고란초 잎을 띄웠다. 사진은 약수터 옆의 석상.

는 왕흥사지로 가는 배나 부여에서 청양으로 통하는 나루가 있
어 수많은 사람들이 이용했던 곳이다. 세월이 강물처럼 흐른
현재는 고란사에서 출발한 유람선이 구드래나루를 거쳐 규암
나루까지 오가는 곳이라서 사람들의 발길이 끊이지 않는다.

위치가 정확히 밝혀진 유일한 백제 사원

왕흥사지

부소산 건너편에 있는 왕흥사지는 1982년 8월 3일 충청남도기념물 제33호로 지정되었다가 2001년 2월 5일 사적 제427호로 변경되었다. 백제의 국찰 왕흥사에 대한 기록이 《삼국사기》 '무왕 조'에 다음과 같이 실려 있다.

35년 봄 2월에 왕흥사가 준공되었다. 그 절이 강 언덕에 섰으며, 채색으로 웅장하고 화려하게 장식하였다. 왕이 매양 배를 타고 절에 가서 향을 피웠다.

《삼국유사》에 의하면 왕흥사는 600년 백제 법왕 혹은 무왕 때 창건되고 634년(무왕 35년)에 완공되었다고 한다. 법왕이 터를 닦고 무왕이 완공했으며 절의 이름은 미륵사라고 하였다. 하지만 2007년 왕흥사지에서 발견된 '창왕 청동사리함 명문'에는 517년(위덕왕 24년)에 죽은 아들을 위해 절을 지었다고 기록되어 있다. 왕흥사는 그 뒤 백제 왕실의 비호 아래 큰 절의 면모를 유지하였다. 하지만 백제가 멸망하기 전에 불길함을 예고하는 이야기 하나가 전해져 온다.

의자왕 20년 6월에 이 절의 승려들이 모두 보고 있는데, 배의 노가 큰 물을 따라서 절 문으로 들어왔다. 그리고 별안간 사슴만한 큰 개가 서쪽에서 와서 그 노를 타고 백마강 언덕에 이르러 왕궁을 향하여 짖고서 온데간데없이 사라져 버리고 말았다. 그 뒤 백제가 멸망하고 말았다는 이야기다. 백제 멸망 이후 이 절을 중심으로 항거하던 백제부흥운동 세력들이 태종 무열왕에 의하여 7일 만에 700명이 사살되면서 절도 폐허가 되었다.

신라와 후백제, 고려와 조선이라는 나라가 나타났다 사라지는 역사의 순환 속에 여러 세대가 흐르면서 근대에 이르기까지 이 절은 정확한 위치조차 파악되지 않았다. 그러다 일제 시대인 1934년 '왕흥(王興)'이라는 명문이 새겨진 고려 시대의 기와 조각이 수습되며 절터라는 것이 밝혀졌다. 폐사지에는 목탑과 함께 금당, 강당이 남북 일직선상에 배치되어 있었다. 중문이 있었을 것으로 추정되는 장소에는 T자형의 석축이 있었고, 절 영역의 서쪽 경계로 여겨지는 지점에는 배수로와 별도의 진입시설이 있었음을 미루어 짐작할 수 있었다. 그밖에도 백제 시대의 초석과 판석들이 남아 있고, 깨진 기와 조각들이 곳곳에 산재해 있다. 상하로 단을 이룬 건물지에는 높이 1.5미터의 석축이 아직도 10여 개 정도 드러나 있고, 강당이 있던 자리로 보이는 북쪽 건물지에도 방형 초석과 건물 기단석 일부가 그대로 남아 있다.

금당과 목탑이 있던 자리에는 민가가 들어서 주위에 흩어진 초석 이외에는 별다른 유구가 나타나 있지 않았지만, 백제시대의 연화문 와당이 다수 출토되었고, 왕흥사 절터 앞에는 '쇠대박이'라고 불리는 논이 있었다. 쇳대는 쇠로 된 당간을 뜻하고, 쇠대박이는 철당간이 세워져 있던 장소라는 뜻으로 풀이할 수 있다.

백마강 변에 자리잡은 이 절은 왕이 절에 갈 때에는 배를 타고 갔기 때문에 속세의 세계에서 부처님의 세계로 건너가는 효과를 나타내기 위하여 강 건너편에 지었다고도 추정하고 있다. 이 절터는 부여 지역에 남아 있는 많은 백제 사원 중 기록이 풍부하게 남아 있고 그 위치가 정확히 밝혀진 유일한 유적이다.

부여의 문화와
인물을 만나다

잃어버린 왕국을 되살리다
백제문화단지

백제문화단지는 '잃어버린 왕국'으로 알려진 백제의 역사 문화의 우수성을 세계에 널리 알리기 위해 1994년부터 2010년 까지 3299천 제곱미터(100만 평) 규모로 충청남도 부여군에 조성한 역사테마파크다. 백제의 옛 왕궁인 사비궁을 옛 모습 그대로 재현하고, 능사와 고분공원, 위례성과 생활문화마을 등을 조성하였다.

정문인 정양문을 들어서면 시원스럽게 펼쳐진 중앙광장 뒤로 사비궁이 자리잡고 있다. 정전인 천정전을 중심으로 서궁과 동궁으로 나뉘는데, 천정전은 왕의 즉위 의례나 신년 행사 등 국가의 각종 의식을 거행했던 공간이고, 서궁과 동궁은 왕의 집무 공간이다. 무덕전이라고 부른 서궁에서는 무신에 관련된 업무를 처리했고, 문사전이라고 부른 동궁에서는 문신에 관련된 업무를 처리했다고 한다. 무덕전은 현재 백제 시대 복식을 체험해볼 수 있는 공간으로 활용되고 있다. 천정전 중앙에는 임금이 앉아 있던 어좌가 놓여 있는데, 부여와 공주 지역에서 발굴된 백제 시대 유물을 토대로 재현한 것이다.

사비궁 우측에 지어진 능사는 성왕의 명복을 빌기 위해 백제 위덕왕 14년에 창건한 사찰로, 부여읍 능산리 절터(사적 제434호)에서 발굴된 유구를 토대로 복원한 것이다. 능사는 '능 옆에 지어진 절'을 가리키는 것으로 죽은 사람의 명복을 빌던 사찰, 원찰이라 볼 수 있다. 능사에는 높이가 38미터에 이르는 백제 시대 목탑이 서 있다. 부여 정림사지 오층석탑과 익산 미륵사지석탑 등의 양식을 참고하여 우리나라 최초로 재현한 큰 탑이다. 이 목탑의 원래 자리인 능산리 절터에서는 능사의 창건연대가 적힌 백제창왕명석조사리감(국보 제288호)이 출토되기도 했다. 능사 뒤편에는 백제 시대 고분을 이전하여 복원해

백제문화단지는 '잃어버린 왕국'으로 알려진 백제의 옛 모습을 재현한 역사테마파크다.

놓은 고분공원이 있다.

생활문화마을은 1400년 전 백제 사람들의 삶을 살펴볼 수 있는 공간이다. 사비궁 서쪽 뒤편에 백제 후기 대좌평을 역임한 사택지적의 집과 백제를 대표하는 오천 결사대의 주역 계백의 집을 재현해 놓았고, 서민들이 살았던 주택도 흥미롭다. 한성 백제 시절의 모습을 재현해 놓은 공간인 위례성은 야트막한 토성 안에 망루와 왕궁 그리고 백성들의 집이 있다. '화려하지만 사치하지 않고, 검소하지만 누추하지 않다'는 백제 문화를 고스란히 만나는 백제문화단지를 돌아본 뒤 백제역사문화관을 답사하고 나면 안개 속 같이 아스라하던 백제가 새롭게 가슴 안에 자리잡게 될 것이다.

백제금동대향로를 볼 수 있는

국립부여박물관

신라, 고구려, 백제는 동시대에 한반도에 실재했던 나라다. 하지만 백제의 역사는 신라에 비해 남아 있는 것이 별로 없다. 역사라는 것이 항상 승자의 입장에서 쓰이기 때문이기도 하지만, 그 당시의 문화유산들이 전쟁 이후 대부분 사라졌기에 그렇다.

백제의 문화와 유적을 보존하기 위해 1929년 부여 지방 사람들이 만든 단체가 '부여고적보존회'였다. 이 단체의 노력과 백제 문화에 대한 일본 사람들의 지대한 관심에 힘입어 1939년에 '조선총독부 박물관 부여분관'이 설치되었다. 그 뒤 해방이 되면서 '국립박물관 부여분관'으로 이름이 바뀌었다. 하지만 해방 이후에도 백제에 관한 정보는 그리 많지 않아 미궁에 갇혀 있었으므로 부여와 공주 일대에서 출토된 백제의 유물들을 보존 전시하기 위해서 1970년 부소산 남쪽 기슭에 새 건물을 지었다. 박물관의 건축 설계는 건축가 김수근이 맡았다.

이후 새로운 유물들이 지속적으로 발굴되면서 박물관을 새롭게 지어야 할 필요성이 대두되어 지금의 국립부여박물관이 금성산 남쪽에 들어섰는데, 1993년의 일이다. 《삼국유사》에 '오산(吳山), 부산(浮山)과 함께 백제 삼영산(三靈山)의 하나'라고 소개된 금성산은 옛 이름이 '해가 떠오르는 산'이라는 뜻의 일산(日山)이다.

국립부여박물관은 4개의 상설전시실과 야외전시장으로 구성되어 있고, 약 1000점의 유물을 전시하고 있다. 전시실은 단순하게 유물만을 전시하는 것이 아니라 사회교육시설로 활용할 수 있도록 다양한 방법으로 꾸며 놓았다. 전시동은 회랑처럼 구성되어 가운데가 탁 트여 있고, 중앙 로비 한가운데에 백제 시대의 '석조(보물 제194호)'를 전시했다. 이 박물관에서 꼭 감상해야 할 중요 문화재는 금동미륵반가사유상(金銅彌勒菩薩半跏思惟像, 국보 제83호)과 백제금동대향로(百濟金銅大香爐, 국보 제287호), 그리고 부여 외리의 폐사지에서 발견된 무늬전돌들이다.

높이 93.5센티미터의 금동미륵반가사유상은 금동미륵보살반가사유상(국보 제78호, 국립중앙박물관 소장)과 더불어 크기와 조각 수법에 있어서 삼국시대 금동 불상을 대표하는 걸작품이다. 머리에 삼면이 각각 둥근 산 모양을 이루는 관을 쓰고 있어 '삼산관반가사유상(三山冠半跏思惟像)'으로도 불리는 이 불상의 얼굴은 풍만하고, 가는 눈에 눈썹은 아름다운 반원을 그렸으며, 눈과 입가에는 미소를 머금었다. 상반신은 나신인데 목에 두 줄의 목걸이가 걸렸을 뿐 다른 장식은 없고, 하체를 덮은 의상이 매우 얇아 몸의 굴곡이 자연스럽게 나타나 있다.

미륵신앙이 세상에 널리 퍼져나간 7세기 무렵부터 많이 조성된 반가사유상은 왼쪽 무릎 위에 오른다리를 걸치고 살짝 고개를 숙인 얼굴의 뺨에 오른쪽 손가락을 대어 깊은 명상에 잠겨 있는 모습을 말한다. 금동미륵반가사유상은 금동미륵보살반가사유상과 비교했을 때 기교가 적고 생동감이 넘친다. 그런 연유로 7세기 전반에 만들어진 신라 시대 불상으로 보고 있지만, 일부에서는 백제 무왕 시대에 만들어진 것으로 보기도 한다. 일제 초기인 1915년 고고학과 불교, 예술 연구가인 이나다 기시케가 쓴 논문 〈조선의 불교예술연구〉에 다음과 같은 글이 실려 있다.

> 구 이왕가 반가사유상은 1910년에 충청도 벽촌에서 올라온 것으로 높이 2자 9치 7푼이다…. 삼국시대 중 가장 미술이 발달한 말기의 대표적 작품으로 세키노 박사도 찬탄했고, 또 독일의 박물관 기사도 이것을 한 번 보고 십만 금을 내놓아도 아깝지 않다고 감탄을 아끼지 않을 진품이라고 말했다.

충청도의 벽촌에서 출토된 것으로 여겨지는 이 반가사유상을 두고 김원용 교수는 《한국미술사》에서 다음과 같이 말하고

194

있다.

구 이왕가박물관에 있던 금동 미륵보살반가사유상은 출토지가 명확하지 않아서 그 제작지를 바로 식별할 수 없지만 얼굴형태나 체구 예리하면서도 활기가 있고, 약동하는 의습의 형태 등 전체적으로 받은 인상에서 고구려도 신라도 아닌 결국 백제의 것으로 보는 것이 타당할 것이다. 그 연대는 600년대 초기의 것으로 생각한다.

일본 교토 고류지에 소장 중인 목조 반가사유상을 두고 철학자 칼 야스퍼스는 "이 불상은 우리 인간이 가진 마음의 영원한 평화라는 이상을 가장 잘 표현하고 있다"는 평을 내렸는데, 그 불상 역시 백제에서 만들어졌을 것이라고 전 국립중앙박물관장 최순우 선생도 말했던 것으로 보아 백제인의 빼어난 예술혼이 세계적인 문화유산을 만들어냈음을 짐작할 수 있다.

백제금동대향로는 1993년 12월 12일 능산리 고분군의 서쪽 논바닥에서 출토되었다. 1300년의 시공을 뛰어넘어, 진흙구덩이 속에서 어느 한 곳도 훼손되지 않은 모습으로 벼락처럼 나타난 것은 그야말로 기적이었다. 국교인 불교와 관련된 의식에 사용했을 것으로 추정되는 이 향로는 청동을 주원료로 만들어 도금했고, 뚜껑과 몸체, 받침으로 구성되었다. 높이 64센티미터에 무게 11.85킬로그램으로 당시 만들어졌던 향로 중 큰 편에 속한다.

향로의 뚜껑에는 봉황과 관련된 고대설화를 재현했다. 맨 위에는 봉래산에 산다는 상서로운 전설의 새 봉황이 날개를 활짝 편 채 여의주를 입에 물고 서 있다. 그 아래쪽에는 악사 다섯 명이 천상계의 음악을 연주하고, 악사들 뒤에 작은 구멍을 뚫어 향이 피어오르도록 하였다. 그 밑에는 74개의 산봉우리를 우뚝우뚝 세우고, 사이사이마다 기화요초와 동물 39마리를 배치하였다. 그 가운데서 신선들이 서로 다른 악기를 연주하는 모습도 보인다.

몸체는 피어나는 연꽃 모양이다. 그 사이사이에 두 명의 사람과 물·땅·하늘의 27마리 동물을 배치해 불로장생하는 신선이 용·봉황과 같은 상상의 동물들과 어우러져 살고 있다는 해중(海中)의 박산(博山), 즉 신선세계이자 별천지·이상향을 표현한 전형적인 박산향로(博山香爐)*임을 알 수 있다. 이렇게 아름다우면서도 섬세한 몸체를 고개를 바짝 세운 용 한 마리가 세 발을 틀어 꼿꼿하게 받치고 있다. 한국 고대에 표현되던 대표적인 용의 모습이라는데, 고구려 고분 벽화에 등장하는 용과 비슷한 느낌을 준다. 불교의 연화장세계와 도교의 신선세계를 백제 사람들이 뛰어난 예술감각으로 표현한 봉래산 향로는 중

● 산 모양의 뚜껑을 가진 향로의 일종으로, 중국 산둥성에 있는 박산(博山)의 모양을 본떠 만들었다고 한다.

국 한나라 때부터 만들어졌다. 하지만 이처럼 아름답고 정교하며 신기한 향로는 어디에서도 찾아볼 수가 없다. 이 앞에 서면 시간도 잊고 한없이 보고 또 보게 된다.

국립부여박물관은 올해 5월부터 백제금동대향로를 활용한 실감형 디지털 콘텐츠를 관람객에게 공개하고 있다. 전시동 중앙 로비에 전동 스크린을 설치하여 스펙타클한 영상과 음향, 연꽃 향기를 동시에 체험할 수 있는 멀티미디어쇼를 펼친다. 사비백제로의 시간여행을 경험할 수 있는 이 실감형 콘텐츠는 온라인 사전예약을 통해 관람할 수 있다.

야외 전시실에도 귀중한 문화재들이 많다. 보광사지 대보광선사비(보물 제107호), 부여군 세도면에서 가져온 동사리 석탑(충청남도 문화재자료 제121호)을 비롯해 구산선문 중 한 곳이었던 보령시 성주면 성주사 터에서 가져온 '성주사지 출토 비머리'가 있고, 나당 연합군과 함께 백제를 멸망시킨 당나라 장수 유인원을 기렸던 '당유인원기공비(보물 21호)'가 비각 안에서 있다.

197

박물관의 중앙 로비 한가운데에 전시된 백제 시대 석조.

백제 예술의 정수라 할 만한 무늬전돌도 국립부여박물관에서 꼭 봐야 할 귀중한 유물이다.

백제 창왕명 석조사리감은 사리를 보관하던 용기다.

사비성 시대의 왕들이 잠든
능산리 고분군

백제가 부여에 도읍했던 시기에 왕릉군이 자리잡은 곳으로 여겨지는 능산리 고분군(사적 제14호)은 양지바른 산자락에 있다. 한쪽에 백제 왕도를 둘러싼 나성이 길게 뻗어 있는데, 이 나성과 고분군 사이에서 1993년 옛 건물터가 확인되었다. 그 건물은 1탑과 1금당, 1강당의 가람 배치를 가진 사찰로 밝혀졌다. 1995년 10월에는 이 절터의 목탑 자리에서 '백제 창왕 13년인 정해년에 누이동생인 형공주가 공양한 사리' 라는 사리감 명문이 출토되었다.

고분군이 자리잡은 지형은 동쪽으로 청룡, 서쪽으로 백호에 해당되는 능선이 각기 돌출되어 있으며 전방에는 하천이 동쪽에서 서쪽으로 흐른다. 들판을 건너 남쪽 전방에는 주작에 해당하는 안산(案山)이 솟아 있고, 그 너머에 부여 지역을 흐르는 금강의 또 다른 이름인 백마강이 보이는, 풍수지리적으로 빼어난 형국에 자리잡고 있는 능이다.

경주 시내 일대에 신라 시대 임금들의 무덤이 여기저기 솟아 있는 것처럼 부여 지역에도 백제의 고분 수백 기가 여러 곳에 흩어져 있다. 하지만 세월의 흐름 속에서 그 형체가 보존된 것은 드물고, 일제 시대부터 도굴되어 온전히 남아 있는 것도 별로 없다. 이들 고분 중 부여 시내에서 가장 가깝고 봉분이 비교적 잘 남아 있으며, 규모도 큰 축에 드는 무덤들이 모여 있는 능산리 고분군은 오래 전부터 왕릉으로 전해오고 있었다.

이 고분군이 학계에 알려진 것은 1915년 일본인 구로이타에 의해서였다. 그때부터 발굴이 시작되었고, '동하총'이라고도 부르는 1호분에 사신도 벽화가 그려져 있음이 세상에 알려졌다. 고분 안에 벽화를 그리는 것은 고구려 사람들의 특이한 문화였으며, 특히 내세의 수호신으로서 사신도를 중심으로 그리는 것은 7세기 무렵의 일이었다. 백제의 마지막 수도인 능산리 고분에서 사신도 벽화가 나왔다는 사실로 그 무렵 백제와 고구려의 문화교류가 활발했음을 추정할 수 있다.

고분군 입구에서 안으로 들어가다 보면 왼편에 발굴 현장이 있는데, 세상을 떠들썩하게 만든 백제금동대향로가 나온 곳이다. 고분군은 3기씩 앞뒤 2열을 이루고, 그 뒤 북쪽 50미터 지점에 1기가 더 있다. 사비성 시대의 왕이 여섯이었기 때문에 당시 왕들이 대부분 이곳에 묻혔음을 짐작할 수 있다.

고분의 외형은 원형봉토분으로 밑지름이 20~30미터쯤 되며 봉토 자락에 호석(護石)을 두른 것도 있다. 내부 구조는 돌망을 쌓고 옆으로 문을 낸 굴식 돌방무덤이다. 1호분은 현실과 연도를 갖추었고, 지하에 자리를 잡았다. 벽면과 천장에는 돌의 표면을 물갈이한 뒤 그 위에 주·황·청·흑색의 안료를 사용해 그림을 그렸다. 동서남북 벽에 청룡, 백호, 주작, 현무를 각각 그린 사신도가 있으며, 천장에는 연꽃과 흐르는 구름 무늬를 그렸는데, 세월이 오래 흘러 선명하지 않다.

부장품은 대부분 도굴되어 거의 남아 있지 않고, 도굴자들이 버린 파편 몇 점만이 검출되었다. 5호분의 관대 위에서 두개 골 파편, 칠을 한 목관편·금동투조식금구·금동화형좌금구 등이 나왔고, 2호분에서 칠기편 다수와 금동원두정이 나온 정도다. 하지만 이 파편만으로도 백제의 공예기술이 얼마나 발달했는지를 알 수 있다.

능산리 고분군.

부여시외버스터미널 부근에
있는 백제 성왕 동상.

聖王像

© trabantos

여름이면 크고 아름다운 연꽃들이 연달아 피는 궁남지는 우리나라 최초의 인공 연못이다.

백제문화단지의 생활문화마을은 1400년 전 백제 사람들의 삶을 만날 수 있는 공간이다.

아름다운 오층석탑이 남아 있는 옛 절터 정림사지.

죽은 궁녀들의 원혼을 추모하기 위하여 낙화암 위에 세워진 백화정.

문화재청은 수령 400년이 넘은 성흥산성 느티나무를 2021년 7월 천연기념물로 지정했다.

무량사의 봄 풍경. '셀 수 없다'는 무량의
뜻처럼 이곳에 잠시 들어갔다 나오는 그
순간도 셀 수 없이 오랜 인연에서 비롯된
것인지 모른다.

진흙 구덩이 속에서 훼손되지 않은 모습으로 나타난 백제금동대향로는 아름답고 정교하며 신기한 모습을 보여준다.

조선 중기의 독특한 불교건축

무량사

무량이란 '셀 수 없다'는 말의 한 표현으로써 목숨을 셀 수 없고 지혜를 셀 수 없는 것이 바로 극락이니 극락정토를 지향하는 곳이 무량사라고 하면, 내가 잠시 들어갔다 나오는 그 순간마저도 셀 수 없이 오랜 인연에서 연유한 것인지 모른다.

부여군 외산면의 만수산(해발 575미터) 기슭에 자리잡은 무량사는 사지에 의하면 신라 문무왕 때 범일국사가 창건하였고 신라 말 고승인 무염국사가 머물렀다고 하지만, 범일국사(810~889년)는 문무왕(661~680년)과 동떨어진 후대 인물로 당나라에서 귀국한 후 명주 굴산사에서 주석하다가 입적하였기 때문에 그가 이 절을 창건하였다고 보기는 어렵다. 현재의 모습으로 보아 고려 때 크게 중창한 것으로 짐작된다. 이후 임진왜란 때 불탔다가 17세기 초 조선시대에 대대적인 중창불사가 있었다.

천왕문을 들어서면 선과 비례가 매우 아름다운 무량사 석

등(보물 제233호)이 먼저 눈에 들어오고, 그 뒤에 오층석탑(보물 제185호)이 서 있다. 오층석탑은 창건 당시부터 이 절을 지켜온 것으로 추측되는데 완만한 지붕돌과 목조건물처럼 살짝 반전을 이룬 채 경박하지 않은 경쾌함을 보여주는 모습의 처마선이 부여 정림사지 오층석탑을 연상케 한다. 이러한 점 때문에 장하리 삼층석탑, 은선리 삼층석탑과 함께 몇 안 되는 고려시대에 조성된 백제계의 석탑으로 평가받고 있다. 이 탑의 1층 몸돌에서는 금동아미타삼존불좌상이 발견되었고, 5층 몸돌에서는 청동합 속에 들어 있는 다라니경과 자단목 등 여러 점의 사리장치가 나왔다.

인조 때 중건한 대웅전은 법주사의 팔상전과 금산사의 미륵전, 화엄사의 각황전, 마곡사의 대웅보전처럼 특이하게 지어

만수산 기슭에 자리잡은 무량사. 선과 비례가 아름다운 석등과 오층석탑이 한눈에 들어온다.

져 있다. 조선 중기 불교건축 양식의 특징을 잘 나타낸 2층 목
조건물로서 중요한 가치를 지니고 있다. 밖에서 보면 2층 건물
이지만 내부는 위아래층으로 나뉘어져 있지 않고 하나로 통하
여 있다. 아래층 평면은 정면 5칸에 측면 4칸이고, 기둥의 높이
는 14.7미터나 된다. 중앙부의 뒤쪽에 불당이 있고 그 위에 소
조아미타삼존불(5.4미터)을 모셨는데, 흙으로 빚어 만든 소조불
로는 동양제일을 자랑한다. 복장 유물에서 발원문이 나와 1633
년에 흙으로 빚은 아미타불임을 분명히 밝혔다. 좌우에는 관세
음보살(4.8미터)과 대세지보살이 배좌하고 있으며, 1627년에 그
린 괘불과 무량사 미륵보살도, 동종도 보관하고 있다.

　　조선 시대 선승으로 이름 높은 김제 출신의 진묵대사는 무
량수불에 점안을 하고, 만수산 기슭에서 나는 나무열매로 술을
빚어 마시며 몇 수의 시를 남겼다.

　하늘을 이불 땅을 요 삼아
　산을 베개하여 누웠으니
　달은 촛불 구름은 병풍
　서쪽바다는 술항아리가 되도다
　크게 취하여 문득 춤을 추다가
　내 장삼을 천하곤륜산에 걸어두도다

진묵대사는 이 절과 완주 서방산의 봉서사, 모악산의 수왕사 등 전라도 일대의 사찰에 기행과 술에 얽힌 일화들을 많이 남겼다. 반면 조선에 휘몰아쳤던 기축옥사 당시 같은 지역에 살았던 정여립과의 관계가 있을 법한데 아무런 흔적도 남아 있지 않다. 또 서산대사 휴정이나 사명당 유정이 임진왜란 때 온몸을 다 바쳐 나섰던 것과 달리 그는 수행만 했다. 그러면서도 본인의 어머니에게는 지극한 정성을 다했던 그의 태도를 어떻게 이해해야 할 것인가.

무량사에서 생을 마감한
매월당 김시습

조선 시대의 아웃사이더 중 대표적인 인물로는 누구를 들수 있을까? 《택리지》를 지은 이중환, 방랑시인 김삿갓, 그리고이 나라 구석구석을 정처 없이 떠돌아다닌 매월당 김시습 정도가 적당할 듯하다. 김시습은 태어나면서부터 천품이 남달라 8개월 만에 스스로 글을 알았다고 한다. 이웃에 살고 있던 최치운이라는 사람이 그것을 보고 기이하게 여겨서 '배우면 곧 익힌다'고 이름을 '시습(時習)'이라고 지어 주었다고 한다.

김시습의 운명을 결정짓는 사건이 일어난 해는 그의 나이21세가 되던 1455년(단종 3년)이었다. 그때의 상황이 선조 임금의 명을 받아서 율곡 이이가 지은 《김시습전》의 '행적'에는 다음과 같이 실려 있다.

을해년(1455년)에 삼각산에서 글을 읽고 있었는데, 서울에 다녀온 사람이 전하는 말 중에 세조가 단종에게 임금의 자리를 빼앗았다는 소식이 있었다. 그 말을 들은 김시습은 문을 굳게 닫고서 나오지 않은 지 3일 만에 크게 통곡하면서 책을 불태워 버리고 거짓으로 미친 체하며 더러운 뒷간에 빠졌다가 도망하여 머리를 깎고, 스스로 설잠(雪岑)이라고 불렀다.

그 당시 김시습은 조정에서 벼슬을 살았던 신하가 아니었기 때문에 굳이 절개를 지킬 필요가 없었다. 그러므로 그가 일부러 미친 척 했을 것으로 추정하는 글들이 여러 편 남아 있다.

친구 김열경이 거짓 미친 척한 것에 대해서는 그 광경을 아직 자세히 알지 못하네. 다만 중정을 중시하는 관점에서 논한다면 어떻다 평해야 할지 알지 못하겠네. 그러나 그가 초연하게 세상 바깥으로 나가, 깨끗해서 속세의 더러움이 없는 점은 남보다 구층이나 높을 것이네.

김시습의 친구였던 송간이 김시습의 친구이자 자신의 육촌 동생이었던 송정원에게 보낸 편지의 일부분이다. 열경은 김시습의 자다. 편지를 받은 송경원은 다음과 같은 답신을 보냈다.

친구 김열경의 양광(佯狂, 거짓으로 미친 척을 하는 것)을 두고 '깨끗해서 속세의 더러움이 없다'고 말씀하신 것은 지극히 온당한 평이라 하겠습니다. 그 친구의 타고난 품성이 남달리 뛰어났기에 오늘날 절조를 지키는 것이 이렇게 남보다 지나치다고 하겠지요. 기자 같은 성인도 거짓 미친 체한 적이 있으니, '광'이라는 한 글자는 천고에 좋은 주제라고 하겠습니다.

매우 명석했던 김시습은 사서육경을 어려서 스승에게 배웠고, 제자백가 같은 것은 가르침을 기다리지 않고 모조리 읽지 않은 것이 없었다. 한 번 기억하면 일생 동안 잊지 않았으므로 평상시에 글을 읽는 일이 없었고, 그래서 책을 가지고 다니는 일도 없었다. 그는 고금의 문적을 꿰뚫지 않은 것이 없었으며 또한 다른 사람이 물었을 때 응하지 못하는 것이 하나도 없었다. 율곡이 지은 《김시습전》에는 그의 외모에 관한 글이 다음과 같이 실려 있다.

사람 된 품이 얼굴은 못 생겼고 키는 작으나 호매영발(豪邁英發)하고 간솔(簡率)하여 위의(威儀)가 있으며 경직하여 남의 허물을 용서하지 않았다. 따라서 시세(時勢)에 격상(激傷)하여 울분과 불평을 참지 못하였다. 세상을 따라 저앙(低仰)할 수 없음을 스스로 알고 몸을 돌보지 아니한 채 방외(속세를 버린 세계)로 방랑하게 되어, 우리나라의 산천치고 발자취가 미치지 않은 곳이 없었다. 명승을 만나면 그곳에 자리잡고 고도에 등람(登覽)하면 반드시 여러 날을 머무르면서 슬픈 노래를 부르며 그치지 않고 불렀다.

세상을 내 집이라 여기고 평생을 떠돌았던 김시습이 마지막으로 찾아든 곳이 부여군 외산면의 만수산 무량사였다. 그는 왜 말년을 의탁할 곳으로 무량사를 정했던 것일까? 그가 무량사에서 보낸 생활은 알려진 게 별로 없다. 이곳에서 자신의 초상화를 그리고는 "네 모습 지극히 약하며 네 말은 분별이 없으니 마땅히 구렁 속에 버릴지어다"라고 스스로를 평가하였다는 말이 전해질 뿐이다. 진위를 확인할 수는 없지만, 현재 무량사에는 불만 가득한 표정의 김시습 초상화가 지나는 길손들을 맞고 있다.

김시습은 나이 쉰아홉인 1493년(성종 24년) 2월 어느 날 무량사에서 쓸쓸히 병들어 파란만장한 삶을 마감했다. 죽을 때 화장하지 말 것을 당부하였으므로 그의 시신은 절 옆에 안치해

무량사에는 매월당 김시습의
사리를 안치했던 부도가 서
있다.

두었다. 3년 후에 장사를 지내려고 관을 열었는데, 죽은 자의 안색이 생시와 다름이 없었다. 사람들은 그가 부처가 된 것이라 믿어 유해를 불교식으로 다비하였고, 사리 1과가 나와 부도를 만들어 세웠다. 그 뒤 김시습의 풍모와 절개를 사모하던 부여 선비들이 현재의 홍산면 교원리에 사당을 짓고 청일사라 이름붙인 뒤 김시습의 초상을 봉안하였다. 오랜 세월이 지난 뒤 김시습에게 이조판서가 추증되었고, 청간공이라는 시호도 내려졌다.

김시습의 초상을 봉안한 홍산면 교원리의 사당 청일사.

그가 무량사에서 마지막으로 남긴 시가 '무량사에서 병으로 누워(無量寺臥病)'다. 이 시를 쓴 며칠 후 세상을 떠났다.

봄비가 계속하여 2, 3월에 내리는데
심한 병을 붙들고서 선방에서 일어났네.
생을 향해 서로 온 뜻 묻고자 함은
도리어 다른 중이 거양(擧揚)할까 두려워하네.

역사 속으로 사라진

부여의 옛 고을들

주제별 국토답사를 본격적으로 시작한 것은 1980년대 초
반부터였다. 지금도 그렇지만 길을 떠나기 전날 밤에는 답사 갈
현장들을 생각하느라 설레는 마음이 진정되지 않았다. 머리맡
에 놓아둔 김정호의《대동여지도》와 이중환의《택리지》,《한국
지명총람》을 펼쳐 읽느라면 잠은 저만치 달아나곤 했다.

하지만 막상 현장에 가 보면 번성했던 고을이 아무런 흔적
도 없이 사라져 버린 적이 한두 번이 아니었다. 불모의 땅이라
여겨지던 곳에 빌딩과 아파트숲이 들어서 땅값이 폭등하면서
황금의 땅으로 변모해 있기도 하였다. 시대의 흐름 속으로 사
라져 간 것들 중 특히 애잔한 상념을 불러일으키는 것이 바로
《대동여지도》에는 군·현으로 표시되어 있으나 1914년 이후
사라진 군과 현의 쇠락한 모습이다.

유주현의 대하소설《조선총독부》에는 군·면 통폐합에 대
해 다음과 같이 짧게 언급하고 있다.

1914년 3월 새로운 관제를 포고하여 조선의 부·군·면을 통폐합하고 97개의 군을 폐지해 버렸다.

민족정기를 말살하기 위해 나라 곳곳에 박았다는 쇠말뚝이나 지명을 바꾸는 것과는 비교할 수 없는 고도의 술수로 조선의 정신을 송두리째 앗아간 군현 통폐합으로 그 유서 깊었던 고을들이 몰락의 길로 접어든 것이다. 1914년 일본에 의해 사라져간 군현이 부여에는 임천, 석성, 홍산 세 곳 있다.

임천군

성흥산 아래 자리잡은 임천면은 백제 때 가림군, 고려 때 가림현, 조선 때 임천군이라는 이름으로 인근 20개 면을 관할하는 군사, 행정, 문화, 경제의 중심지였다. 임천군의 진산인 성흥산에는 역사적으로 큰 의미가 전해지는 성흥산성이 있어 임천군의 입지가 얼마나 중요한지를 말해준다. 둘레 600미터, 면적 12만916제곱미터 규모의 토석혼축산성인 성흥산성(사적 제4호)은 백제 시대 성곽 중 축조 연대와 당시 지명을 알려주는 하나뿐인 사례로 귀중한 유적이다. 당시의 지명에 따라 가림성이라고도 부르는 테뫼형 산성으로 남·서·북문지와 군창지, 우물터 세 군데 및 토축보루의 방어시설을 갖추고 있다.

성흥산성의 성벽 높이는 3~4미터이며, 안으로 흙을 다져 내탁하고 외면은 석축을 하였으므로 흙을 파낸 곳은 자연히 호

를 형성하고 있다. 서쪽 성벽의 석축 부분이 가장 잘 남아 있는
데, 성벽보다 1.5미터 정도 앞부분까지 넓혀 기초를 견고하게
만들고 토축 부분은 산의 능선을 따라 지그재그식으로 축조했
다. 주문이었던 남문지의 너비는 4미터이고 초석이 그대로 남
아 있으며, 남문지 앞에 있는 토성산에 둘레 200미터의 토축보
루와 부속된 소보루가 있다. 이같은 대·소 성의 배치는 백제
산성의 독특한 점이라고 볼 수 있다. 가림성을 쌓은 동성왕은
비운의 죽음을 맞는다(공주편 24페이지 참조). 성흥산성은 무령
왕의 아들 성왕이 도읍지를 부여로 옮긴 뒤 더욱 중요한 요새
지로 자리잡았고, 백제부흥운동군의 거점지가 되기도 했다.

산성 안에는 태조 왕건을 도와 고려를 세운 유검필의 사당
이 있다. 백제와 싸움을 벌이기 위해 내려가던 유검필이 기아
에 허덕이는 임천 지역 사람들을 구제한 것을 감사하게 여긴
임천 사람들이 그 덕을 기리기 위해 살아 있는 유검필의 사당
을 세워 해마다 제사를 지냈다고 한다. 역사는 항상 승자의 기
록이기에 백제의 옛 땅이며 후백제의 땅 위에 생존한 고려 장
군의 사당까지 세워진 것이다.

성흥산 중턱에는 대한불교 조계종 제6교구 마곡사의 말사
인 대조사가 있다. 법당 뒤에 있는 석조미륵보살입상(보물 제
217호)은 고려시대 작품으로 추정되며, 양식과 규모로 볼 때 한
눈에도 관촉사의 은진미륵이나 연산 개태사의 삼존석불, 홍성
의 상하리 미륵불과 닮았음을 느낄 수 있다.

임천면 군사리는 임천군의 군청이 있어 임천읍내 또는 군사(郡司)라 하였는데, 동헌 자리에 임천파출소가 들어섰다가 옮겨가고 주춧돌만 남았다. 동헌 바로 아래 있던 임천군 객사는 임천초등학교로 변모하여 아이들의 목소리에 파묻혔고, 군수 심노숭이 지었다는데 강산루 역시 그 터만 남았다. 병목처럼

대조사 법당 뒤에 있는 석조 미륵보살입상은 관촉사의 은진미륵과 닮았다.

생겨 호리동이라고 부르는 지역에 있는 아터는 임천군의 내아
가 있던 곳이고, 호리동 중앙에 있는 만포정이라는 우물은 임
천 관아에 딸린 우물이었다.

석성현

부여에서 논산으로 가는 길목에 있는 석성면은 조선시대
석성현이라는 고을이었다. 석성천을 경계로 동부 5개 면은 논
산군으로 이관되고, 서부 4개 면이 부여군으로 편입되었다. 백
제 때 이곳이 부여의 외곽지대를 이루어 군사·교통상의 요지
였으므로 돌로 쌓은 석성이 즐비하다 하여 이런 지명이 붙었다
고 한다. 의자왕 때는 백제군과 나당 연합군의 치열한 격전지
가 되었고, 고려 우왕 때는 두 차례에 걸쳐 왜구가 침입했던 곳
이다. 또한 조선 시대에는 금강의 지류인 수탕천변 저포에서
이곳의 물자를 모아 금강을 통해 경강으로 운반하였다.

석성현에서는 부여석성산성(사적 제89호)과 석성향교(충청
남도 문화재자료 제96호)가 옛 역사를 말해주고 있다. 고려 말이
나 조선 초에 창건된 석성향교는 임진왜란 때 불타버린 것을
1636년(인조 14년)에 중건하였다. 대성전을 비롯하여 명륜당,
동재, 내삼문, 외삼문, 수복청 등이 남아 있다.

백제의 국도인 사비 남쪽의 관문을 방어하기 위하여 축조
된 석성산성은 둘레 1600미터의 석축산성으로, 테뫼형과 포곡
형 두 부분으로 구분된다. 테뫼형 산성의 둘레는 약 580미터로

성 내에는 남쪽 모퉁이의 우물터 1개가 있다. 이 산성 아래 있는 두 개의 골짜기를 포괄하기 위하여 후에 포곡형 산성을 축조한 것으로 보인다. 테뫼형 산성은 이 고장을 수호하기 위한 목적으로 축조된 지방산성에 불과하지만, 포곡형 산성은 사비의 방위를 위하여 7세기 전반쯤 확장 축조된 것으로 판단된다. 연산의 황산성, 노성의 노성산성, 금강 건너의 성흥산성, 배후에 있는 금성산성과 연결되는 사비 최후의 방비성이었던 것이다. 현재는 문지 · 수구문 · 우물터 · 건물지 등이 남아 있다.

홍산군

홍산면의 백제 때 이름은 대산현이었다. 홍산이라는 이름은 날아가는 기러기처럼 생긴 홍산의 진산 비홍산(飛鴻山)에서 유래하였다. 이곳이 조선시대까지 부여 서부 일대를 관장하는 중요한 고을이었다는 흔적이 여럿 남아 있다.

옛 시절 홍산 현감이 집무를 보던 동헌은 남촌리에 있다. 한때 파출소가 들어서기도 했지만 지금은 잘 정돈된 동헌이 눈부신 햇살에 빛나고, 그 옆에는 노랗게 물든 은행나무가 그림처럼 서 있다. 우여곡절 끝에 정권을 잡은 홍선대원군은 관청의 위엄과 기강을 바로세우기 위하여 전국에 걸쳐 관청 건물을 정비하였다. 그 일환으로 1871년(고종 8년) 정기화 군수가 세운 건물이 홍산 동헌이다. 해방 이후 홍산지서로 사용하다가 1984년 부여군에서 현재 모습으로 보수하였다.

동헌에는 '제금당'이라는 편액이 걸려 있다. 앞면 7칸에 측면 2칸 크기인 제금당(충청남도 유형문화재 제141호)은 중앙에 대청마루를 두고 좌우에 각각 크기가 다른 온돌방을 설치했다. 또 팔작지붕으로 관청의 위엄을 나타냈다. 동헌 앞에 있는 이정우 가옥은 관아문과 형방청으로 사용하던 건물이다.

동헌에서 북촌리 쪽으로 천천히 걸어 나오면 좁은 골목 막다른 곳에 한때 면사무소로 쓰였다는 홍산현의 객사(충청남도 유형문화재 제97호)가 있다. 1836년(헌종 2년) 군수 김용근이 건립한 곳으로, 국왕의 전패를 모시고 초하루와 보름에 망궐례를 올리는 한편 왕명을 받들고 내려오는 중앙관리를 접대하고 유숙시키던, 오늘날로 말하면 지방의 국립호텔이다. 1871년 개수한 뒤 1983년에 중수한 객사 안에는 몇 개의 비석이 서 있는데 그 중 하나가 홍산 만덕교비다.

홍산천에 놓았던 만덕교를 기리기 위해 1681년(숙종 7년) 세운 이 비는 만인에게 덕을 끼친다는 내용이 새겨져 있는데, 1946년 이 일대에 일어난 큰 홍수로 부서지고 일부 석재가 남아 있던 것을 다시 복원하였다. 객사 서쪽에는 홍산현의 군기고가 있었다고 하지만 찾을 길이 없고, 그 뒤편에 펼쳐진 들이 과녁들이다.

북촌 동북쪽에 있는 연봉마을은 조선 시대에 높은 관리들을 맞아들이는 연봉정이라는 정자가 있었고, 연봉 동쪽에서 좌홍리로 넘어가는 고개가 연봉고개였다. 이곳 홍산에서 진포대첩, 한산대첩, 남해대첩과 더불어 왜구토벌로 빛나는 대첩으로 평가되는 큰 싸움이 있었다. 고려 우왕 때 왜구가 침입하자 최영 장군이 거느린 고려군이 나아가 크게 이긴 그 싸움을 홍산대첩이라고 부른다.

홍량리에는 충청남도 유형문화재 제29호로 지정된 오층석탑이 있다. 안량사라는 절이 있었다고 전해지는 곳에 남아 있는 석탑으로 절이 있었던 흔적은 찾을 수 없고 탑 주변으로 기와와 자기 조각, 토기 등이 흩어져 있을 뿐이다. 홍량리 한희동 서북쪽에 있는 만인재 고개는 하도 높고 험하여 도둑이 들끓어 만인이 모여야 넘는다고 해서 붙여진 이름이다. 직접 가보니 만 명이 모일 장소도 없는데 그런 이름이 지어진 것은 그만큼 조선 사회가 어지러워 도둑들이 많았기 때문일 것이다.

홍산현의 객사는 오늘날로 말하면 지방 국립호텔이다. 홍산천에 놓았던 만덕교를 기리기 위해 세운 만덕교비가 객사 안에 있다.

수북정·자온대의 애수와 낭만

자온길 프로젝트

부여군 규암면 규암나루 상류에 위치한 수북정(충청남도 문화재자료 제100호)은 정면 3칸, 측면 2칸의 팔작지붕 정자로 조선 광해군 때 양주 목사를 지낸 김흥국이 벼슬을 버리고 은거할 때 세웠다. 이름도 자신의 호를 따서 지었다. 광해군 말년에 인조반정을 도모한 김류와 이귀로부터 반정에 가담할 것을 종용받은 김흥국은 "내가 이미 광해군의 녹을 먹었으니 어찌 가담할 수 있겠는가?"라며 거절하고 낙향했다. 1623년의 인조반정 이후 유현으로 천거되어 부제학을 제수받았지만 벼슬에 나아가지 않았고, 아들에게도 묘비에 양주 목사라고 쓸 것을 당부하며 광해군에 대한 절개를 지켰다.

김흥국은 시문을 좋아하여 낙향한 뒤에는 백마강 가에 수북정이라는 정자를 짓고 마음에 맞는 벗들과 더불어 글과 술로 소일하였고, 자신을 강상풍월주인(江上風月主人)이라 칭하였다. 당시의 이름난 학자들인 사계 김장생과 상촌 신흠, 황신, 서성

등과 교유하며 일생을 마감했다. 저서로《수북정집》을 남겼지
만 화재로 거의 소실되고 낙본만 전한다. 김흥국을 찾아 수북
정을 찾았던 신흠이 수북정의 주변경관을 읊은 〈수북정팔경〉
이라는 시를 지었는데, '자온대의 생황소리(溫臺歌管)'가 그 중
한 편이다.

황폐한 온대 유적 사람을 슬프게 하네.
야생초만 더부룩한데 몇 세월을 보냈던가?
상전벽해 그 모두가 속절없는 일이로다
동풍의 생황소리도 한가한 백성들 차지로세.

신흠이 온대라고 칭한 것은 수북정 동쪽 밑에 우뚝 솟은 자
온대라는 바위로《신증동국여지승람》에 그 유래가 다음과 같

양주 목사를 지낸 김흥국은
인조반정을 피해 백마강 가
에 수북정이라는 정자를 짓
고 글과 술로 소일했다.

이 실려 있다.

자온대, 현 서쪽 5리에 있다. 낙화암에서 물을 따라 내려가면 괴상한 바위가 물가에 걸터앉은 것이 있는데, 10여 명이 앉을 만하다. 전해오는 말에 의하면, 백제의 왕이 이 바위에서 놀면 그 바위가 자연히 따뜻해졌기 때문에 그와 같이 이름했다.

칼로 깎아 세운 듯이 우뚝 서 있는 높이 24미터의 자온대 는 4~5명이 앉아 노닐 수 있게 널찍하다. 백제의 마지막 임금 인 의자왕이 왕흥사로 불공을 드리러 갈 때 이 바위에 올라서 서 부처를 바라보며 절을 했다는데, 임금이 절을 하면 바위가 저절로 따뜻해졌다고 한다. 지금도 강쪽으로 연한 바위 절벽에 는 송시열이 썼다는 자온대라는 글씨가 남아 있다.

자온대 바위는 왕흥사로 불공 드리러 가던 의자왕이 이곳에 서 절을 하면 저절로 따뜻해 졌다는 전설이 전해진다.

자온대 아래로는 〈1872년 지방지도〉에 '고을의 남서쪽에 규암진이 있다'고 소개된 규암나루가 있었다. 규암리는 해방 전후만 해도 200여 가구가 살았던 큰 마을이었다. 1930년대 규 암장이 개설되면서 규암나루에 부여읍과 규암면을 오가는 배가 드나들었고, 백마강을 건너 서천이나 한산, 논산으로 이어지는 교통 중심지 역할을 했다. 고란사나 구드래나루에서 배를 탄 관광객들이 오고 가는 나루터이기도 했으므로 마을에는 선술집과 여관이 즐비했고 극장도 있었다. 부근에 인근 고을이 곡식을 모아 두었던 창고가 있어 '창리'라고도 불리던 규암리의 전성기였다. 이후 1968년 백제교가 놓이면서 상권이 부여읍으로 옮겨갔고, 사람들이 마을을 떠나면서 빈집들이 늘어 규암리 시대는 막을 내렸다.

사람들의 온기가 사라져 침체일로를 겪던 이 마을에서 2016년 '자온길 프로젝트'라는 이름의 전통문화운동이 시작되었다. 규암면의 버려진 공간들을 개조해 전통문화 예술마을로 꾸미는 마을재생사업이었다. 부여의 한국전통문화대학교를 나온 리빙라이프 회사 세간의 박경아 대표가 학교 다닐 때 눈여겨보았던 '임씨네 담배가게'로 불린 건물에다가 독립책방인 '책방 세간'을 만든 것이 그 시작이다. 담배와 잡화를 팔던 가게와 살림집이 붙어 있는 건물을 책방으로 개조할 때 외벽과 내부 구조물을 최대한 살리고 헐지 않았다. 천장 위에 숨겨져

있던 서까래를 그대로 드러냈고, 잡화가 진열되어 있던 공간에
는 책을 진열했다. 임씨 가족이 생활했던 거주공간에는 카페를
열었다.

'자온길 프로젝트'라는 마을재생사업
의 신호탄이 된 책방 세간.

비어 있던 규암골목이 다양한 문화
공간으로 채워지고 있다.

박경아 대표의 뒤를 이어 뜻있는 젊은 작가들이 하나둘씩 '스스로 따뜻해지기(自溫)' 위해 마을로 들어왔고, 비어 있던 공간은 다양한 문화공간으로 변모하기 시작했다. 전통공예작가의 작업실과 쇼룸, 로컬푸드 레스토랑, 카페와 책방, 한옥생활 체험장 등 문화라는 씨줄과 공예라는 날줄로 거듭났다.

'책방 세간'에서 가까운 거리에 전통공예품 숍인 '편지'가 문을 열었다. 우체국에서 전파사로 탈바꿈했던 건물을 고쳐 생활소품과 의류, 생활도자기를 전시하고 판매하기 시작한 것이다. 편지가 사라진 시대에 새로운 형태의 '편지'로 소통을 시도했다는 점이 마음을 끈다. 규암리의 산 역사였던 '수월옥'이란 요정은 옛 이름을 그대로 쓰는 카페가 되었다. '빼어난 달'이란 뜻을 지닌 수월옥은 부여 지역의 이름난 술집이었다. 규암나루를 오가는 나그네들의 오아시스와 같았던 국밥집은 '웃집'이라는 이름의 독채 숙소가 되었고, 자온양조장 건물에 딸려 이 마을에서 가장 부잣집으로 소문났던 살림집은 한옥스테이 '이안당'으로 거듭났다. 일본식 건축양식을 접목한 100년 된 근대한옥인 이안당의 넓은 마당에는 지금도 깊은 우물이 남아 있어 옛 정취를 느낄 수 있고, 한켠에는 옛 시절의 양조장 굴뚝이 그대로 남아 역사를 증언해준다.

수북정과 자온대의 애수와 낭만, 규암리와 규암나루의 영광이 차근차근 재현되는 중이다.

껍데기는 가라
민족시인 신동엽

1894년에 일어난 동학농민혁명을 주제로 대하서사시 〈금
강〉을 지은 민족시인 신동엽은 1930년 부여군 부여읍 동남리
에서 태어났다. 전주사범을 거쳐 단국대 사학과를 졸업한 그
는 1959년 장시 〈이야기하는 쟁기꾼의 대지〉를 조선일보 신춘
문예에 투고했다. 그때 예심을 맡았던 사람이 〈휴전선〉의 시
인 박봉우였다. 신동엽의 시를 읽은 박봉우는 흥분하여 "굉장
한 장시입니다. 문단이 깜짝 놀랄 겁니다"라고 말했다. 하지만
본심 심사자들은 그의 시에 후한 점수를 주지 않아 입선작으로
뽑혀 등단했다.

그 뒤 신동엽은 교편을 잡으며 왕성한 창작활동을 펼친다.
〈진달래 산천〉 〈산에 언덕에〉 〈아니오〉 〈술을 마시고 잔 어젯
밤은〉 〈사월은 갈아엎는 달〉과 같은 절창을 계속 발표한다. '백
제 / 옛부터 이곳은 모여 / 썩는 곳 / 망하고, 대신 / 거름을 남
기는 곳 / 금강 / 옛부터 이곳은 모여 / 썩는 곳 / 망하고, 대

신 / 정신을 남기는 곳'(〈금강〉 제23장 중) 이라고 노래했던 그는 4월혁명이 미완으로 끝날 수밖에 없었던 이유를 분단 이데올로기에서 찾으며, 완성된 혁명(통일)을 위해서는 '두 가슴과 그곳까지 내논 아사달 아사녀'와 같이 반외세, 반봉건의 가장 순수하고 깨끗한 민족정신이 필요함을 역설한다. 그의 시 〈껍데기는 가라〉는 우리 민족사에 길이 남을 곧고도 굳은 목소리로 당당한 울림을 주고 있다.

'껍데기는 가라 / 4월도 알맹이만 남고 / 껍데기는 가라. // 껍데기는 가라 / 동학년 곰나루의 그 아우성만 살고 / 껍데기는 가라. (중략) 껍데기는 가라 / 한라에서 백두까지 / 향그러운 흙가슴만 남고 / 그 모오든 쇠붙이는 가라.'

신동엽이 1967년 팬클럽 작가 기금 오만 원을 받아 발표한 〈금강〉은 오랜 세월 잠들어 있던 100년 전의 장엄했던 혁명을 문학과 역사의 중심으로 이끌어내는 역할을 했다. 김수영과 함께 민족문학의 양축을 형성했던 그는 서른아홉의 나이에 타계하였다. 사후 7년 만에 발간된 그의 전집은 3공화국 시절 긴급조치 9호로 판매금지되는 운명에 처해졌다. 그래서 1970년대의 많은 문학도들은 김지하 시인의 〈오적〉을 비롯한 모든 시편들과 신동엽 시인의 〈금강〉을 숨겨 놓고 몰래 읽었던 추억을 가지고 있다. 문학을 공부하던 필자 역시 그의 시 〈금강〉을 읽고서야 이 땅에 일어났던 갑오년의 비극성에 몸서리쳤고,

이 땅에서 무엇을 해야 하는가, 어떻게 살아야 하는가를 어렴풋이나마 생각하게 되었다. 금강을 읽은 감동으로 동학농민혁명을 차근차근 공부하기 시작했고, 둘째 아들의 이름을 하늬로 지었다.

시인이 태어나고 자란 동남리에는 생가가 보존되고 신동엽문학관이 건립되었다. 아담한 생가는 시인의 미망인 인병선 여사의 손때가 구석구석 묻어나는 집이다. 인여사가 시인을 생각하며 쓴 시 한 편이 신영복 선생의 글씨로 걸려 있다. 문학관에서는 시인의 작품과 삶을 자세하게 소개하고 있다. 문학관에서 1킬로미터 정도 떨어진 백마강 변에는 시인이 타계한 이듬해 세워진 시비에 쓸쓸한 서정이 묻어나는 〈산에 언덕에〉가 새겨

동학농민혁명을 주제로 대하 서사시 〈금강〉을 지은 민족 시인 신동엽의 생가.

져 있다.

"체구가 작으면서도 대범하고, 겉으로는 유순해 보이면서도 안으로는 강한 사람이 신동엽 시인이다." 시인과 가깝게 지낸 문학평론가 구중서 선생의 평이다. 민족의 통일을 염원했던 시인의 소망은 언제나 이루어질 것인지.

조선 문신 이경여와 연관 깊은

부산(浮山)

부여 동남부를 휘감아 도는 금강 일대에서 경치가 그림 같이 아름다워 '저것이 그림인가 풍경인가' 헷갈리는 지역이 있다. 괴테가 〈파우스트〉에서 말한 대로, "멈추어라 순간이여, 너 정말 아름답구나"라며 혼잣말을 하는 풍경이 바로 '떠 있는 산'이라는 '부산(浮山)'이다.

부여대교에 서서 강 상류 쪽을 바라보면 강가에 산 하나가 서 있다. 높이 107미터의 작은 산이지만 백마강에 외따로 솟아 마치 물 위에 떠 있는 것처럼 보인다. 홍수가 질 때는 강물에 떠 있는 섬처럼 보인다 하여 '뜬섬'으로 부르기도 했던 부산에는 조선 중기의 학자이며 정치가였던 백강 이경여의 자취가 남아 있는 대재각과 이경여의 위패가 봉안된 부산서원이 있다.

이경여는 세종의 7대손으로 1611년 검열*이 되었지만, 광

● 조선 시대 정구품 벼슬.

238

해군의 실정이 심해지자 벼슬을 버리고 외가가 있는 부여로 낙향하였다. 이후 1623년 인조반정 직후 수찬에 취임한 뒤 여러 벼슬을 거쳐 우의정이 되었으나, 병자호란 때 효종과 함께 인질이 되어 청나라 심양으로 끌려가는 수난을 당했다. 인질에서 풀려난 그는 효종에게 '힘을 길러 청나라를 치자'는 내용의 북벌계획 상소를 올렸지만, 효종은 '마음 아프지만 뜻을 이루기에는 너무 늦었다'는 회신을 보냈다.

청나라가 북벌계획을 문제 삼자 이경여는 영의정에서 물러나 부여로 내려온다. 부여에서 태어나고 부산 언덕의 암자에서 공부한 그는 백마강의 이름을 따 호를 '백강(白江)'이라 지었을 만큼 부여와 백마강을 사랑했고, 1675년 이곳에서 생을 마감했다.

부산은 백마강에 외따로 솟아 마치 물 위에 떠 있는 것처럼 보인다.

239

각서석을 보존하기 위해 대재각을 지은 자리는 이경여가 공부하던 곳이다.

'지통재심 일모도원(至痛在心 日暮途遠)'이라는 우암 송시열의 글씨를 새긴 각서석.

훗날 우암 송시열이 효종이 이경여에게 보낸 답장 가운데 8자를 골라 쓴 글씨를 이경여의 손자 이이명에게 주었는데, 이이명은 1700년(숙종26) 그것을 이경여가 공부하던 부산의 암벽에 새겼다. '지통재심 일모도원(至痛在心 日暮途遠, 원통함이 있지만 해는 저물고 갈 길은 멀다)'이라는 여덟 글자였다. 또 글자가 새겨진 바위인 각서석(浮山刻書石, 충청남도 유형문화재 제47호)을 보존하기 위해 정자를 짓고 대재각이라 이름 붙였다.

부산의 정상 부근에는 부여와 백마강 일대를 방어하기 위해 쌓은 부산성이 있었다고 하지만 지금은 흔적이 없고, 부산의 입구와도 같은 진변리 마을에는 이경여의 위패를 봉안한 부산서원이 있다. 서원 앞에는 이경여가 명나라에 사신으로 갔다올 때 가져다 심었다는 동매(冬梅, 충청남도 문화재자료 제122호)가 한 그루 남아 있다.

나라 잃은 장군의 슬픈 이야기
은산별신제

부여군 은산면 은산리는 조선 시대에 이인도찰방*에 딸린
은산역이 있던 곳으로 교통 요지였다. 이곳에서 3년마다 한 번
씩 은산별신제(국가무형문화재 제9호)가 열린다. 2월 중순이나
하순에 부여를 비롯하여 공주, 청양, 보령, 서천 등 여러 지역
사람들이 모여 제사를 지내는데, 그 규모가 굉장하여 〈은산별
신굿〉이라는 이름이 붙여져 나라 안에 이름난 축제로 자리매
김했다.

은산별신제가 언제부터 시작되었으며 무슨 연유로 제를 지
내게 되었는지를 고증할 만한 문헌은 충분하지 않다. 예로부터
은산은 부여읍에서 서북쪽으로 첫 역원(驛院)**이 있던 곳으로,
인근의 농산물이 집산되고 5일마다 큰 장이 섰다. 은산마을 뒷
산을 당산이라고 부르는데, 그곳에는 옛날 토성이 있었던 흔적

* 조선시대에 각 도의 역참을 관장하던 종6품 벼슬.
** 조선시대에 역로에 세워 국가가 경영하던 여관.

들이 아직도 많이 남아 있다. 당산 서쪽은 절벽이며 그 아래로 은산천이 흐른다. 당산 남쪽은 고목이 울창한 숲이고, 그 숲속에 별신당의 당우가 있다. 당우는 전형적 기와집으로 한 칸의 방과 마루로 구성되어 있다.

당우 정면에는 산신화가 안치되어 있고 동편 벽에는 복신장군, 서편 벽에는 토진대사의 위패와 초상화가 각각 봉안되어 있다. 복신장군은 무왕의 조카이자 의자왕과는 사촌 간이었다고도 하고, 무왕의 아들이라는 설도 있다. 그러나 여러 설에 의하면 무왕의 조카인 귀실복신일 것으로 추정되며, 토진대사는 도침대사의 오기가 아닐까 생각된다. 왜냐하면 두 사람은 다 같이 신라에 망한 백제의 재건을 꾀하였던 충신이었기 때문이다.

주신(主神)으로 산신을 모셔 놓은 것으로 보아 원래는 산신당이었는데 후대에 와서 두 신을 더 모시게 되었을 것으로 추측되는데, 이곳에서 은산별신제가 시작된다. 은산별신제에는 다음과 같은 기원전설이 있다. 아득한 옛날 어느 여름 은산 지방에 역병이 유행하여 하루에도 몇 명씩 사람이 죽어 나가자 마을은 불안과 공포에 휩싸였다. 어느 날 마을 노인이 잠시 낮잠에 들었는데, 백마를 탄 늙은 장군이 나타나 말했다.

"나는 백제를 지키던 장군인데 많은 부하와 함께 전쟁터에서 억울하게 죽어 백골이 산야에 흩어져 있다. 아무도 돌보는 사람이 없어 영혼이 안정을 못하고 있으니, 그 뼈를 추려 장사를 지내주면 역병을 쫓아주겠다."

깜짝 놀라 깨어난 노인은 마을 사람들을 모아놓고 꿈 이야기를 한 뒤 장군이 가르쳐준 장소에 가 보았더니 과연 백골이 여기저기 흩어져 있었다. 유골들을 한곳에 모아두고 장사를 지낸 뒤 무덤을 만들고 사당을 지어 위령제를 올려 주었더니 역병이 감쪽같이 없어졌다. 그 뒤로 마을 사람들은 3년마다 이른 봄에 길일을 택하여 위령제를 지냈는데, 그것이 곧 오늘날의 은산별신제다.

그 노인의 꿈에 나타난 장군이 복신장군과 도침대사일 것으로 생각된다. 백제 멸망 이후 복신과 도침이 의자왕의 넷째 아들 풍왕을 불러들여 백제부흥운동을 벌였다. 하지만 복신이 도침을 죽이고, 풍왕이 복신을 죽이는 지도부의 내분으로 백제군의 사기는 떨어지고 말았다. 663년 7월 나당 연합군이 주류성을 공격해오자 지원하러 왔던 일본군이 신라 수군에 의해 패망하였고 풍왕은 고구려로 도망갔다.

이들의 죽음을 안타깝게 여긴 백제 유민들이 지내는 은산별신제는 백제의 멸망사와 관계가 있는 장군제라는 점이 특징이다. 별신제의 신은 복신과 도침이고, 제의 속에는 중국과 우리나라의 옛 명장들 이름이 나열된 장군축이 있으며, 별신당에는 그들의 화상이 모셔져 있다. 나라를 잃은 장군의 슬픈 이야기를 담아내기 때문에 말을 탄 사람이 등장하고 융복(철릭과 주립으로 된 옛 군복의 하나)을 입거나 진을 치는 등의 의식이 등장한다.

244

별신제는 열사흘에 걸쳐 펼쳐지는데, 행사에 앞서 진행요원 격인 임원을 선출한다. 부정한 일이 없는 깨끗한 사람이어야 하고, 상을 당했거나 산고가 있거나 살생을 한 사람은 안 된다. 가장 명예로운 직책인 대장은 덕망과 재력이 있는 사람을 뽑는다. 첫날 참나무 네 그루를 베어오는 의식인 진대베기로 시작해 닷새째에 별신굿을 올리고, 엿새째에 행군을 시작한다. 동복을 입고 백마를 탄 대장을 필두로 임원들과 마을 사람들이 긴 행렬을 이루며 뒤따라간다. 아흐레째에 행군이 끝나면 행렬은 별신당 앞으로 가서 기를 세우고 제물을 진설한다. 진설이 끝나면 무녀가 '공인'이 연주하는 음악에 맞추어 색신을 하고 춤을 추는데 이를 당굿이라 한다. 당굿이 끝나면 제관들이 나서서 정식으로 별신제를 시작한다. 화주와 축관은 축문을 읊고 임원들은 절을 100번 한다.

열흘째에는 옛날에 은산장이 섰던 홰나무 아래에서 하당굿을 한다. 열이틀째 되는 날에 독산제를 지낸 후 은산시장을 중심으로 사방 들목에서 장승을 세우며 장승제를 거행하고, 열사흘간에 걸친 별신제를 마감한다. 축제가 너무 오래 지속되기 때문에 둘째, 넷째, 열하루째 날은 쉰다. 과거와 현대를 잇는 은산별신제를 통해 역사와 문화의 흐름, 그리고 사람들의 유장한 삶을 반추할 수 있다.

망국의 한을 품고 통곡했던
유왕산

나라가 망하면 그 나라의 왕이나 백성들은 말할 것도 없고 국토도 어느 곳 하나 성한 곳이 없다. 백제의 마지막 왕인 의자왕과 백성들, 그리고 백제의 수도는 어떠했을까?

의자왕은 곰나루성을 지키고자 했다. 그런데 성을 지키는 대장이 왕을 포로로 잡고 항복하려 하자, 왕은 스스로 목을 맸다. 하지만 동맥이 끊어지지 않았다. 결국 의자왕은 태자 부여 효와 어린 아들 부여 연과 함께 포로가 되어 당나라 군영에 끌려갔다. 당나라 장수 소정방은 스스로 목을 찔러 절반은 죽은 사람이나 다름없는 의자왕을 땅바닥에 굴리면서….

민족사학자인 단재 신채호가 《조선상고사》에 백제 의자왕의 마지막을 기록한 글이다. 그때 의자왕은 스스로 항복한 것이 아니라 웅진성에서 왕의 호위를 맡고 있던 예식이라는 무장이 사로잡아 적에게 바쳤던 것이다. 그는 왕을 생포해 당나라에 넘긴 대가로 당나라에서 높은 관직을 부여받아 남은 여행을 부유하게 살았다고 한다.

사비성 함락 15일 후인 8월 2일, 사비성에서 승전 축하연과 동시에 항복 의식이 거행되었다. 소정방과 태종 무열왕, 김유신 등이 장졸들을 위무할 때 어떤 사람이 의자왕에게 술을 따르도록 하였다. 그 광경을 지켜보던 백제의 군신 모두가 피울음을 삼켰다. 소정방은 전리품을 챙기고자 했던 군사들을 풀었고, 그 당시의 상황이 《구당서》에는 다음과 같이 실려 있다.

이때 소정방이 의자왕과 태자 융들을 사로잡았다. 곧 군사를 풀어 약탈했고, 많은 사람이 죽임을 당했다.

당나라 군사들은 패전국인 백제의 도읍지 사비성 일대를 철저하게 약탈했고 많은 건물을 불태웠다.

의자왕 20년인 660년 9월 3일, 나당 연합군에 의해 백제의 사직이 무너지고, 의자왕과 왕비를 비롯해 대신 93명, 백성 1만 2807명이 소정방의 포로가 되어 사비성에서 배를 타고 먼 이역의 땅 당나라로 향했다. 금강의 물길을 따라 강경을 지난 의자왕 일행이 금강이 한눈에 내려다보이는 유왕산 자락에 이르렀다. 부여군 양화면 암수리와 원당리의 경계에 있는 유왕산

247

(해발 67미터) 자락을 지나갈 때 백제의 남은 백성들이 산에 올라와 임금과 가족들을 잠시라도 머물다 가게 해달라고 애원하였다. 그러나 그들의 소원은 이루어지지 않았고, 백제 유민들은 그 자리에 서서 망국의 한을 품고 통곡했다. 그로부터 1300여 년 동안 해마다 8월 17일이 되면 인근 고을의 부녀자들이 음식을 장만해 몰려와서 다음과 같은 노래를 부르는 것이 하나의 풍습으로 자리잡았다.

"이별 말자 설위마소. 만날 봉자 또 다시 있네. 명년 8월 17일에 악수논정 다시 하세"라고 노래한 뒤 개벽의 꿈을 담은 산유화가를 불렀다고 한다. "추여봉에 날 뜨고 사자강에 달 진다. 저 전날에 떠나서 들에 나와 저 달 져서 집에 올라간다. 어널널 상사뒤 어여뒤여 상사뒤. 부소산이 높아 있고, 구룡포가 깊어 있다. 부소산도 평지 되고 구룡포도 평원 되니, 세상사 뉘가 알고 어널널 상사뒤 어여뒤여 상사뒤…."

걸어서 공주·부여
인문여행 추천 코스

공주 인문 여행 #1

공산성을 따라 걷는 아름다운 산책길

● 공산성 주차장 → ● 금서루 → ● 쌍수정 광장 → ● 진남루 →
● 영동루 → ● 임류각 터 → ● 동문 터 → ● 광복루 → ● 암문터 →
● 영은사

산책하듯이 소요하듯이 그저 노는 것처럼 천천히 걸어가는 것을 나는 좋아한다. 그때가 가장 내가 나를 느끼는 시간이고, 진정한 내가 나를 발견하는 시간이다. 미국의 가수 에디 캔터도 말했지 않았던가?

"천천히 삶을 즐겨라. 너무 빨리 달리면 경치만 놓치는 것이 아니다. 왜 가는지도 놓치게 된다."

그렇다면 공주에서 천천히 즐기며 산책하기에 가장 좋은 코스는 어디일까? 바로 공주 시내에서 금강을 바라보고 있는 공산성이다. 사적 제12호인 공산성은 475년(문주왕 1년) 한산성에서 웅진으로 천도하였다가 538년(성왕 16년) 부여로 천도할 때까지 다섯 명의 임금이 64년 간의 도읍지인 공주를 수호한 산성이다. 총 연장 2660미터의 고대 성곽으로 해발 110미터의 능선에 위치하고 있는 자연 요지이며, 동서로 800미터, 남북으로 400미터 정도의 장방형을 이루고 있다.

  백제시대에는 토성이었던 것을 조선시대에 석성으로 다시 쌓은 이 성 안에는 웅진도읍기로 추정되는 왕궁지를 비롯해 백제 시대 연못 2개소, 고려 시대 때 창건한 영은사라는 사찰, 조선 시대 이괄의 난을 피해 피난 온 인조대왕이 머물렀던 쌍수정과 사적비 등이 있다.

  공산성은 사방에 문이 서 있었다. 남문인 진남루와 북문인 공북루가 남아 있고, 동문과 서문은 터만 있던 곳에 영동루와 금서루를 1993년 복원하였다.

  산책하기에 가장 좋은 길은 금강교 근처에 있는 **주차장**에서부터 시작된다. 충청도를 거쳐간 수많은 사람들의 공덕비를 바라보며 걷다 보면 **금서루**에 이른다. 공주 시가지가 한눈에 내려다보이는 금서루에서 성벽을 따라 올라가면 **쌍수정 광장**이다. 이곳에서는 3동의 건물지가 확인되었는데, 중앙 남쪽에서 연못지가 발굴되었다. 대접 모양의 직경 7.3미터 연못의 호안은 돌로 쌓았고, 그 안에서 백제 연화문 와당과 삼족토기, 등잔 등의 유물이 출토되었다.

  쌍수정 광장에서 조금 더 오르면 1971년 새로 지어진 공산성의 남문 **진남루**에 이르고, 그 길을 따라 더 오르면 동문 터에 이른다. 문 옆을 지탱하고 있던 문지석을 찾아내 너비 2.5미터의 원래 모습대로 새로 지은 **영동루**는 2009년 시민들의 공모를 통해 이름을 붙였다. 그곳에서 가없이 펼쳐진 금강을 조망하는 게 일품이다. 내려올 때는 **임류각 터**를 지나 가파른 성벽길을 따라 공산성 남서쪽 끝에 있는 **동문 터**와 **광복루**를 거친다. 그 아래쪽에 <u>암문터</u>, 그 남쪽에 세조 때 세워진 <u>영은사</u>가 있다.

'모든 고귀한 장소에는 산책할 수 있는 장소가 있다. 나의 사고는 앉혀 버린다면 잠이 들고 만다.' 몽테뉴의 말을 떠올리며 걷다 보면 역사와 문화유산들이 말을 건네는 산책길이 공주 공산성 성벽을 따라 걷는 길이다.

공주 인문 여행 #2

시공을 초월한 도심 속 역사산책

● 금강공원길 → ● 공주정지산백제유적 → ● 곰나루 → ● 웅진사 →

● 국립공주박물관 → ● 충청감영 터 → ● 공주 한옥마을 → ● 송산리

고분군 → ● 무령왕릉 → ● 대통사지 → ● 반죽동 석조 → ● 제민천 →

● 하숙마을 → ● 공주제일교회 → ● 한국기독교박물관 → ● 풀꽃문학관

→ ● 중동성당 → ● 우금치동학혁명군위령탑

공주의 도심 속을 걷는 일은 색다른 맛을 느낄 수 있는 여행이다. 1500여 년 전 역사에서부터 근세사까지 시공을 초월한 문화유산들이 곳곳에 포진하여 수많은 상상력을 유발하게 하고, 바라보는 풍경마다 사람들의 마음을 사로잡기 때문이다. '그대들의 눈에 비치는 사물들이 순간마다 새롭기를. 현자란 바라보는 모든 사물에 경탄하는 사람이다.' 프랑스의 작가 앙드레 지드가 《지상의 양식》에서 술회했던 것처럼 매 순간마다 경탄하면서 걸어갈 수 있는 도시가 공주다.

공산성과 금강을 좌우로 거느린 금강공원길을 걷다가 공주의 명물인 '따로국밥'을 맛보고 백제큰타리 아래에 이르면 정지산 구릉지대에 자리잡은 공주정지산백제유적이 있다. 백제시대 왕실의 제의 관련 사적지인 이곳에서는 국가의 중요시설

에만 사용되던 8잎의 연꽃잎이 새겨진 수막새와 화려한 장식이 부착된 장고형 그릇받침 등 다수의 유적이 출토되었다. 전망대에 올라 백제의 왕과 왕비가 즐기던 풍경에 잠시 젖어보기 좋다.

산길을 따라 내려가면 금강변의 곰나루에 이른다. 동학농민혁명 당시 전봉준이 이끄는 동학농민군이 통한의 한을 품고 붙잡혀 갔던 자리에 곰상을 모신 웅진사가 있다. 여기서 10분 정도 걸어가면 무령왕릉에서 출토된 유물과 백제시대의 문화유산이 전시된 국립공주박물관과 충청감영 터, 그리고 공주 한옥마을이 있다. 그곳에서 등성이를 하나 넘으면 만나는 유적이 송산리 고분군과 무령왕릉이다.

삼국시대 백제의 벽돌무덤과 굴식돌방무덤 등이 발굴된 송산리 고분군은 사적 제13호다. 예로부터 '송산소'라 불리던 이곳의 지형은 북쪽이 막히고 남쪽이 트인 구릉 지역이다. 구릉 남쪽으로 낮은 구릉이 계속 전개된다. 정상에 올라보면 동으로 풍광이 우수한 계룡산이 보이고, 서남으로는 금강이 휘감고 돌아 절경을 이룬다. 이곳에서 무령왕릉이 하나도 손상되지 않은 채 발굴되어 공주박물관을 만들게 되었다.

다시 길을 나서서 반죽동에 이르면 대통사지에 이른다. 지금은 당간지주만 남은 이 절에 있던 반죽동 석조는 국립공주박물관으로 옮겨졌는데, 일제 강점기에 일본 헌병대가 이 석조를 말의 구유로 사용했다는 안타까운 사연이 전해진다.

제민천 변에 자리잡은 하숙마을 부근에서 공주제일교회와

공주기독교박물관, 나태주 시인의 풀꽃문학관, 중동성당까지 돌아보고서 공주교육대학교를 지나 부여 쪽으로 난 길을 따라가면 우금치동학혁명군위령탑을 만나게 된다.

　걷다가, 불쑥불쑥 나타나 말을 건네는 옛사람들에게 물어보라. 그때도 지금처럼 햇살이 따스했고, 여기저기 꽃이 피었고, 그리운 사람이 많았었느냐고.

공주 인문 여행 #3

태화산 돌아 마곡사 앞마당에 서다

● 영은암 → ● 활인봉 → ● 나발봉 → ● 토굴 → ● 마곡사

마곡사 답사를 뒤로 미루고 태화산 산행길에 오른다. 영은암을 떠나 나뭇잎이 살포시 덮은 길에 발자국을 남기고 걸어간다. 바람 한 점 불지 않고 철 늦은 매미소리만 귓전을 어지럽히는 산을 오르면서 흘린 땀을 소매로 닦을 때 마곡사에서 목탁소리가 들려온다. 한발 한발 천천히 오르며 일상을 되돌아보면 어느새 작은 능선에 다다른다.

다시 한 봉우리 오르니 활인봉(해발 423미터)이다. 소나무와 참나무가 그늘을 드리운 길에는 윤이 번쩍번쩍 나는 상수리들이 여기저기 떨어져 있고 길은 샘골, 대웅전으로 가는 길과 나발봉으로 가는 길로 나뉜다. 나발봉까지는 다시 오르막길이다. 소나무와 참나무 무성한 태화산길을 한 바퀴 돌자 토굴암 화림원이고, 천천히 내려가자 마곡사에 닿는다.

흔히 '춘마곡 추갑사'라 하지만 마곡사가 어디 봄만 아름답고, 갑사가 어디 가을만 아름다우랴. 봄물 드는 계룡산 자락의 갑사와 단풍 물드는 마곡사의 가을 정취가 얼마나 아름다운가.

가서 본 사람만이 알리라.

마곡사는 공주군 사곡면 운암리 태화산 남쪽 기슭에 있는 사찰로, 대한불교조계종 제6교구 본사다. 이곳 유구천과 마곡천이 합류하는 사곡면 호계리 일대(현 홍계초등학교) 물과 산의 형세가 태극형이라고 하여 《택리지》와 《정감록》 등 여러 비기에서는 전란을 피해 '수많은 사람들이 살 수 있다'는 십승지지 가운데 하나로 꼽았다.

이 절이 사람들에게 널리 회자되는 것은 자연과 절의 아름다움은 물론이거니와 대한민국 임시정부 주석이었던 독립운동가 백범 김구 선생이 3년 동안 생활했던 역사적인 장소로 기억되기 때문이기도 하다.

부여 인문 여행 #1

궁남지에서 출발하는 부여 도심 여행

● 궁남지 → ● 정림사지 → ● 부소산 → ● 삼충사 → ● 궁녀사 →
● 영일대 → ● 낙화암 → ● 고란사 → ● 구드래나루 → ● 신동엽 시비
→ ● 신동엽생가 → ● 부여시장

우리나라에서 연꽃이 가장 아름답게 피는 곳은 백제의 마지막 도읍지 부여다. 매년 6월부터 여름이 끝나가는 9월까지 지상에서 피는 온갖 연꽃이 궁남지 일원을 수놓는다. 백련, 홍련, 수련, 가시연의 자태와 향기가 사람들의 마음을 뒤흔들고, 세파에 찌든 마음의 상처를 달래주기도 한다.

걸어서 떠나는 부여 여행의 출발지로는 궁남지가 좋다. 무왕이 선화공주와 함께 궁의 남쪽에 조성했다는 궁남지에서 꽃 중의 꽃 연꽃을 사랑했다는 중국의 학자 주돈이의 〈애련설(愛蓮說)〉을 읊고 떠나도 좋으리라.

'연꽃은 진흙탕에서 자라나지만 더러움에 물들지 않고 맑은 물에 씻기면서도 요염하지 않으며, 줄기 속은 텅 비어 통하고 겉은 곧으며, 넝쿨도 가지도 뻗어 나가지 않고, 향기는 멀리 퍼져 나갈수록 더욱 맑고, 꼿꼿한 자태로 깨끗하게 서 있기 때문이다. 국화가 꽃의 은자요, 모란은 꽃의 부자요, 연꽃은 꽃 중

의 군자라 하겠다.'

  궁남지에서는 정림사지가 멀지 않다. 일직선으로 부소산을
향해 뻗은 길을 따라가면 나라 안에서 제일 아름다운 탑으로
손꼽히는 정림사지에 이른다. 국보 9호라는 이름에 걸맞게 고
상하면서도 아름다운 탑과 정림사지의 석불좌상을 보고 다시
부소산으로 향한다. 123년간 백제의 영광과 상처를 세세히 보
고 들었던 부여의 진산 부소산에는 삼충사와 궁녀사를 비롯, 영
일대와 낙화암, 고란사 등의 명소가 즐비하다.

  낙화암에서 백마강을 굽어보고, 구드래나루를 지나 금강을
따라 내려가면 백제교 근처에서 부여가 낳은 시인 신동엽의 시
비 '산에 언덕에'를 만날 수 있다. 다시 시내로 걸어 들어가 신
동엽 생가를 답사한 뒤 부소산 쪽으로 길을 나서면 부여시장에
이른다. 부여의 특산물이 옹기종기 모여 있는 시장에서 1500년
전 이 땅을 살다 간 백제 사람들을 떠올리다 보면, 역사가 세월
속에서 돌고 돈다는 사실을 알게 될 것이다.

부여 인문 여행 #2

아름답고 유서 깊은 성흥산성과 대조사를 걷다

> ● 임천면 행정복지센터 → ● 성문 → ● 느티나무 → ● 성흥산성 →
> ● 대조사

영화 촬영지로 유명세를 얻어 인기를 끄는 관광명소 중 한 곳이 부여군 임천면에 있는 '성흥산성 사랑나무'다. 사랑나무라는 애칭으로 유명한 느티나무는 부여 10경 중 하나로 지정된, 수령 400년이 넘은 고목이다. 높이 20여 미터, 둘레 5미터에 이르는 위풍당당한 모습으로 부여군 향토유적 88호이기도 하다. 나무도 아름답지만 산성에 오르면 강경, 논산과 익산, 군산까지 이어지는 금강의 줄기를 한눈에 볼 수 있어 이 멋진 풍경을 담으려는 사진작가들의 발길이 이어진다.

성흥산성으로 오르는 길은 임천면 행정복지센터 앞에서 시작된다. 센터 앞에는 320년 된 아름다운 소나무가 서 있다. 그곳에서 30여 분 오르면 성흥산성 아래 휴게소에 닿는다. 산성 문루가 있었을 성 싶은 성문을 지나면 우측으로 성벽이 휘돌아가고 좌측에는 500여 년은 되었음직한 느티나무가 서 있다.

그렇다. 언제나 산성 앞에 서면 시공을 뛰어넘어 나는 그 시절로 돌아간 듯한 환상에 빠져든다. 그 시절 이 땅의 백성들은 절박한 심정으로 이 성을 쌓았을 것이다. 성은 세월의 질서에 부서지고 흩어졌다가 다시 그 세월 속에서 이끼 낀 옛 돌들이 새로 식구가 된 반듯한 새 돌들과 맞물린 채 질서정연하게 쌓여 있는 것이다.

성흥산성을 축조한 백제 24대 동성왕은 성 때문에 비운의 죽음을 맞는다. 《삼국사기》에 의하면 동성왕의 명을 받아 이 산성의 성주로 부임한 백가는 한직으로 보냈다고 앙심을 품고 자객을 보내 왕을 시해했다. 반란은 25대 무령왕이 즉위하자마자 보낸 해명에 의해 진압되었고 백가는 참형되어 백마강에 버려졌다. 무령왕의 아들 성왕은 도읍지를 부여로 옮긴 뒤 성흥산성을 더욱 중요한 요새지로 관리했다.

성흥산성을 보호해주듯 그늘을 드리운 느티나무 아래에 서서 멀리 띠를 두른 듯한 금강이 강경, 웅포를 지나 서해바다로 들어가는 모습을 바라보다가 천천히 대조사로 여정을 이어간다. 대한불교조계종 제6교구 마곡사의 말사로 성흥산 중턱에 자리잡은 대조사는 《부여읍지》에 의하면 인도에서 범본을 갖고 백제로 돌아와 불교의 방향 제시에 큰 역할을 한 고승 겸익이 창건했다고 한다. 다른 창건설도 여럿 있지만 6세기 초에 지어졌다는 걸로 보아 우리나라에서 가장 오래된 절 중 하나임을 알 수 있다.

부여 인문 여행 #3

옛 고을 홍산으로 걸어 들어가다

● 동헌 → ● 객사 → ● 만덕교비 → ● 과녁들 → ● 삽다리 →
● 삽다리들 → ● 홍산향교 → ● 청일서원

1914년 조선총독부의 군현 통폐합으로 부여군에 통합된
홍산은 조선 시대 군현 중 관청과 객사 등이 온전히 남아 있는
몇 안 되는 귀중한 곳이다. 지금은 퇴락해서 부여군의 한 면이
된 홍산의 백제 때 이름은 대산현이었다. 조선 태종 때 현감을
두었다가 1895년 군으로 승격되었지만 얼마 지나지 않아 부여
군에 병합되었다. 당시 홍산, 옥산, 구룡, 내산, 외산, 남면의 일
부와 은산, 규암면 일부가 홍산군의 영역이었다.

홍산에서는 객사와 동헌 등의 관아 시설을 둘러보고, 만덕
교비와 홍산 향교, 매월당 김시습을 모신 청일서원 등을 답사
하는 알찬 도보여행을 즐길 수 있다.

홍산면 남촌리에 홍산 현감이 집무를 보던 동헌이 있고, 동
헌에서 북촌리 쪽으로 천천히 걸어 나오면 좁은 골목 막다른
곳에 홍산현의 객사가 있다. 객사의 중앙 정당은 정면 3칸으
로 이루어져 있으나 동익실(정면 5칸, 측면 2칸)과 서익실(정면 3

칸, 측면 2칸)은 좌우 균형을 이루지 않아 쓰임과 규모가 달랐음을 알 수 있다. 마당 한편에는 만덕교를 기념하기 위해 세운 만덕교비가 서 있고, 객사 서쪽에는 홍산현의 군기고가 있었다고 하지만 흔적을 찾을 길이 없다. 객사 뒤편으로 넓게 펼쳐진 들이 과녁들이다. 남촌리와 북촌리의 경계에는 효종 7년에 이 근방 주민 45명이 거들어 돌로 다리를 세웠다는 삽다리가 있고, 북촌 동쪽으로 펼쳐지는 들 이름은 삽다리들이다.

비석거리를 지나 홍산면 교원리에 이르면 홍산 향교(충청남도 기념물 제128호)가 있다. 조선 초기에 건립된 것으로 전해지고, 대성전과 명륜당, 외삼문, 내삼문, 수직사가 남아 있다. 향교에서 가까운 거리의 청일골에는 매월당 김시습의 화상과 위패를 모신 청일서원이 있다. 홍산현에 딸린 무량사에서 김시습이 말년을 지냈기 때문에 이곳에 서원을 세웠고, 매년 2월과 8월 중정에 제사를 지내고 있다. 1621년(광해군 13년) 부여군 외산면 만수리에 창건된 서원이었는데, 대원군의 서원 철폐령으로 1871년 훼철되었다가 1884년 지방 유림들의 적극적인 노력으로 지금 위치로 이건하였다. 경내 건물로는 청일사와 정문, 5칸의 청풍각이 있다. 청일사에는 김시습과 김효종의 위패가 봉안되어 있다.

"그림자는 돌아다봤자 외로울 따름이고, 갈림길에서 눈물을 흘렸던 것은 길이 막혔던 탓이고, 삶이란 그날그날 주어지는 것이었고, 살아생전의 희비애락은 물결 같은 것이었노라"라고 노래한 매월당 김시습의 자취가 남아 여행자들의 발길을 머물게 하는 곳이 부여군 홍산면 일대다.

찾아보기
키워드로 읽는 공주·부여

266

여행자를 위한
도시 인문학

초판 1쇄 발행 2021년 7월 20일

지은이   신정일
펴낸이   박희선

편집   채희숙
디자인   디자인 잔
사진   신정일, Shutterstock

발행처   도서출판 가지
등록번호 제25100-2013-000094호
주소   서울 서대문구 거북골로 154, 103-1001
전화   070-8959-1513
팩스   070-4332-1513
전자우편 kindsbook@naver.com
블로그   www.kindsbook.blog.me
페이스북 www.facebook.com/kindsbook
인스타그램 instagram.com/kindsbook

신정일 ⓒ 2021

ISBN   979-11-86440-68-1 (04980)
            979-11-86440-17-9 (세트)